水泥基渗透结晶型防水材料

第二版

沈春林　主编

化学工业出版社
·北京·

《水泥基渗透结晶型防水材料》（第二版）是一部系统全面介绍水泥基渗透结晶型防水材料的实用性科技著作，对该防水材料的分类、性能、组成材料、配方设计、生产工艺、产品检测、应用范围、防水工程的设计与施工都做了较为全面详尽的介绍。

　　作者从自身工作实践出发，侧重介绍了3个方面的内容：一是水泥基渗透结晶型防水材料的组成以及各种原材料的性能、应用、配比要求、加量原则；二是水泥基渗透结晶型防水材料的配方设计要点，分析了各组分材料在配方中的作用，以及水泥基渗透结晶型防水材料的生产工艺流程、生产设备、质量检验；三是水泥基渗透结晶型防水材料防水工程的设计与施工，并提供了大量的施工图例。为了便于施工单位了解水泥基渗透结晶型防水材料产品的性能，收集了许多生产厂商的产品资料，常用施工设备、基本操作技术、施工工法、施工要点、施工质量检验等内容。此外，书中还收录了部分防水专家编撰的有关水泥基渗透结晶型防水材料的产品研制报告和施工实例，对读者来说具有较大的实用价值。

　　本书适合从事防水材料研发、生产，防水工程设计、施工的工程技术人员阅读学习。

图书在版编目（CIP）数据

水泥基渗透结晶型防水材料／沈春林主编．— 2 版．
北京：化学工业出版社，2018.6（2018.7重印）
ISBN 978-7-122-31948-7

Ⅰ.①水…　Ⅱ.①沈…　Ⅲ.①水泥-渗透-结晶-防水
材料　Ⅳ.①TU57

中国版本图书馆 CIP 数据核字（2018）第 074363 号

责任编辑：提　岩　窦　臻　　　　　　　　装帧设计：王晓宇
责任校对：王　静

出版发行：化学工业出版社（北京市东城区青年湖南街 13 号　邮政编码 100011）
印　　刷：三河市航远印刷有限公司
装　　订：三河市瞰发装订厂
710mm×1000mm　1/16　印张 13　字数 241 千字　2018 年 7 月北京第 2 版第 2 次印刷

购书咨询：010-64518888（传真：010-64519686）　　售后服务：010-64518899
网　　址：http://www.cip.com.cn
凡购买本书，如有缺损质量问题，本社销售中心负责调换。

定　　价：49.00 元　　　　　　　　　　　　　　　版权所有　违者必究

编写人员名单

主　　编：沈春林

副 主 编：丁玉乔　程文涛　孟宪龙　章伟晨　付　群
　　　　　乔启信

编写人员：王玉峰　章宗友　刘冠麟　李　芳　苏立荣
　　　　　高　岩　王荣柱　曹云良　刘少东　王继飞
　　　　　马　静　徐伟杰　李　伟　方一苍　乔君慧
　　　　　周　康　周元招　宫　安　薛和岷　褚建军
　　　　　康杰分　杨炳元　章伟倩　王福州　冯　永
　　　　　吴　冬　文　忠　蒋飞益　俞岳峰　卫向阳
　　　　　邱钰明　张吉栋　刘国宁　杨　鑫　李文国
　　　　　何　宾　朱　荣　郑艺斌　季静静　范德顺
　　　　　韩惠林　邵增峰　岑　英　薛玉梅　高德财
　　　　　丁培祥　赖伟彬　张玉寒　赵　鹏　王　峰
　　　　　刘　勇　章卫东

前 言 FOREWORD

水泥基渗透结晶型防水材料是近几年来发展较快、应用范围较广的一种新型建筑防水材料，产品具有自我愈合能力强、渗透性好、黏结强度高、施工简便等优点。笔者于 2005 年编写了《水泥基渗透结晶型防水材料》一书，并由化学工业出版社出版，出版后深受读者欢迎。十余年来，该类产品得到了进一步的发展，其应用范围也得到了进一步的拓展。该产品现已发布了 GB 18445—2012《水泥基渗透结晶型防水材料》国家标准和 CECS 195：2006《聚合物水泥、渗透结晶型防水材料应用技术规程》中国工程建设标准化协会标准。

为了适应建筑防水工程对渗透结晶型防水材料提出的要求，笔者在近十年来从事此材料研究的基础上，依据最近发布的产品标准和施工技术规程，对《水泥基渗透结晶型防水材料》一书进行了修订。《水泥基渗透结晶型防水材料》（第二版）全书共计六章，以水泥基渗透结晶型防水材料的工业生产技术和施工技术为重点，并辅以基础理论，详细介绍了水泥基渗透结晶型防水材料的产品类型、性能和技术要求，产品的组成、生产工艺、产品的试验方法以及水泥基渗透结晶型防水材料的防水设计、施工方法和施工要求。书中所述内容详尽，可帮助读者更深入理解水泥基渗透结晶型防水材料产品的开发和生产，产品的质量检验，水泥基渗透结晶型防水材料防水层的设计、施工和管理，可为相关的工程技术人员提供技术性和实用性指导。

本次修订主要体现在以下几个方面：

1. 依据新发布的产品标准，对《水泥基渗透结晶型防水材料》第一版相关的内容进行了修订；

2. 依据《水泥基渗透结晶型防水材料》第一版出版后，新发布的工程技术规程，详细地介绍了水泥基渗透结晶型防水材料防水工程的设计和施工技术；

3. 介绍了一些近年来开发的水泥基渗透结晶型防水材料的新产品。

全书由中国硅酸盐学会房建材料分会防水保温材料专业委员会主任、苏州中材非金属矿工业设计研究院有限公司防水材料设计研究所所长、教授级高级工程师沈春林任主编并定稿完成。

笔者在编写和修订《水泥基渗透结晶型防水材料》一书的过程中,参考了许多专家、学者的专著、文章、论述以及标准资料,并得到了许多单位和同仁的支持与帮助,在此对有关的作者、编者致以诚挚的谢意,并衷心希望能继续得到防水界各位同仁广泛的帮助和指正。由于笔者水平有限,书中不足之处在所难免,恳切希望广大读者批评指正。

沈春林

2018 年 1 月

第一版前言

　　水泥基渗透结晶型防水材料是近年来发展较快、应用较广的一种新型建筑防水材料，它具有自我愈合能力强、渗透性好、黏结强度高、施工简便等优点。

　　建筑物（构筑物）发生渗漏，不仅会损坏该工程的内部装潢、设备，严重者还会破坏工程结构，使其丧失使用功能，导致报废，甚至危及人们的生命安全，故建筑防水历来为人们所重视。笔者从 20 世纪 80 年代开始从事建筑防水领域的研究，20 多年来一直密切关注并实际工作在建筑防水科研第一线。研制开发了防水堵漏材料等一系列新型防水材料产品，主持了北京"中南海 9856 工程防水堵漏"等一系列国家重要工程的防水设计与施工，在全国有关科技杂志、学术会议上发表了 50 余篇学术论文，编写了《防水工程手册》《防水密封材料手册》等 30 余部科技图书，主持和参与制定了 5 项国家标准和行业标准，创办了中国建筑防水网站。

　　为了适应建筑防水工程对防水材料的要求，笔者在从事水泥基渗透结晶型防水材料研究的基础上，参考了一些国内外专家的论述和最新的相关资料，编写了《水泥基渗透结晶型防水材料》一书。全书就水泥基渗透结晶型防水材料分类、性能、组成材料、配方设计、生产工艺、产品检测、应用范围、防水工程的设计与施工做了较为全面详尽的介绍。笔者从自身工作实践出发，在本书中侧重介绍了 3 个方面的内容：一是水泥基渗透结晶型防水材料的组成以及各种原材料的性能、应用、配比要求、加量原则；二是水泥基渗透结晶型防水材料的配方设计要点，分析了各材料在配方中的作用，以及水泥基渗透结晶型防水材料的生产工艺流程、生产设备、质量检验，这部分内容对读者在生产水泥基渗透结晶型防水材料方面能起到较大帮助作用；三是水泥基渗透结晶型防水材料防水工程的设计与施工，并提供了大量的施工图，为了便于施工单位了解水泥基渗透结晶型防水材料产品的性能，在书中收集了许多生产厂商的产品资料，以及常用施工设备、基本操作技术、施工工法、施工要点、施工质量检验等内容，这对有关设计和施工人员会有较大的帮助。此外，为了帮助读者较快地掌握有关水泥基渗透结晶型防水材料的生产、设计与施工方面的知识，笔者还收集了部分防水专家所编撰的有关水泥基渗透结晶型防水材料的产品研制报告和施工实例论文，这些资料均为成功的经验总结，对读者来说具有较强的实用性。笔者将诸多有关水泥基渗透结晶型防水材料的产品开发、防水设计和施工方面的技术经验奉献给广大读者，以期完成一个防水工作者为防水事业做贡献的心愿。衷心希望本书的出版能够满足广大防水工程技术人员、生产和施工人员掌握水泥基渗透结晶型防水材料的生产、设计、施工的要求。

参与本书编写的人员还有上海市建筑科学研究院的姚利君高工，上海申济设备制造有限公司刘树献先生，北京城荣防水材料有限公司方一苍总经理，深圳市环绿新建材科技发展有限公司利宜总经理，福州创益化工建材有限公司王创焕总经理，深圳市建筑科学研究院王莹高工，武汉理工大学余剑英教授、王桂明先生，中建总公司防水分公司焦德贵先生、刘方泉先生，中华世纪坛组委会程庆余总工，上海市地铁运营公司孙建平先生，深圳市前海股份有限公司陈江涛先生，杭州铁路分局杭州东工务段杨连军先生等。

由于笔者水平有限，这本书中肯定存在着许多不尽如人意之处，恳请广大读者批评指正。

沈春林

2005 年 8 月 18 日

目 录 CONTENTS

第一章　绪论 ·· 001

　第一节　水泥基渗透结晶型防水材料的基本介绍 ············· 001

　　一、定义和类型 ·· 001

　　二、水泥基渗透结晶型防水材料的技术性能要求 ·········· 004

　　三、水泥基渗透结晶型防水材料的性能特点 ·············· 008

　第二节　水泥基渗透结晶型防水材料的防水机理和应用 ······ 010

　　一、水泥基渗透结晶型防水材料的防水机理 ·············· 010

　　二、水泥基渗透结晶型防水材料的工程应用 ·············· 012

　　三、水泥基渗透结晶型防水材料在建筑防水工程中的重要地位 ··· 014

第二章　水泥基渗透结晶型防水材料的组成 ············· 016

　第一节　水泥 ·· 016

　　一、水泥的基本性能及分类 ································ 016

　　二、通用硅酸盐水泥 ······································ 018

　　三、铝酸盐水泥 ·· 024

　　四、硫铝酸盐水泥及快硬硫铝酸盐水泥 ·················· 027

　第二节　石英砂和硅砂 ·· 030

　　一、石英砂（粉） ·· 030

　　二、硅砂 ·· 031

　第三节　添加剂 ·· 032

　　一、催化剂 ·· 032

　　二、减水剂 ·· 033

　　三、早强剂 ·· 040

　　四、缓凝剂 ·· 041

　　五、速凝剂 ·· 042

　　六、膨胀剂 ·· 043

　　七、消泡剂 ·· 044

　　八、纤维素醚 ·· 044

　　九、可再分散乳胶粉 ······································ 046

　　十、聚乙烯醇胶粉（PVA） ································· 047

　第四节　粉料 ·· 048

一、粉煤灰 ·· 048

二、石膏 ·· 051

三、滑石粉 ·· 056

第三章　水泥基渗透结晶型防水材料的生产 ·················· 058

第一节　水泥基渗透结晶型防水材料的配方设计和生产工艺 ······ 058

一、水泥基渗透结晶型防水材料的配方设计 ·············· 058

二、水泥基渗透结晶型防水材料的生产工艺 ·············· 060

三、产品的包装、运输、储存 ·························· 061

第二节　水泥基渗透结晶型防水材料生产的主要设备 ·········· 062

一、粉料混合设备（全封闭式干粉料搅拌混合机） ·········· 062

二、产品出厂检测设备 ································ 066

第四章　水泥基渗透结晶型防水材料的检验 ·················· 067

第一节　水泥基渗透结晶型防水材料的试验方法 ············ 067

一、检验的特点和范围 ································ 067

二、检验方法 ······································ 067

第二节　检测设备 ···································· 075

一、水泥净浆搅拌机 ································ 076

二、单卧轴式混凝土搅拌机 ·························· 078

三、电动抗折试验机 ································ 080

四、自动调压混凝土抗渗仪 ·························· 081

五、混凝土振动台 ·································· 083

六、干燥箱 ·· 084

七、水泥混凝土标准养护箱 ·························· 085

八、砂浆凝结时间测定仪 ···························· 086

九、压力试验机 ···································· 087

十、雷氏夹 ·· 088

十一、沸煮箱 ······································ 088

第五章　水泥基渗透结晶型防水材料防水工程的设计与施工 ······ 091

第一节　水泥基渗透结晶型防水材料防水工程的设计 ········ 091

一、水泥基渗透结晶型防水材料防水工程的设计要点 ······ 091

二、水泥基渗透结晶型防水材料防水涂层的构造 ·········· 093

三、水泥基渗透结晶型防水材料的设计构造简图 ·········· 094

四、FDS（源水通）结构自防水材料的建筑防水构造 ········ 099

　　五、某住宅小区地下室渗漏水防水堵漏方案 ………………………… 107
　第二节　水泥基渗透结晶型防水材料防水工程的施工 ………………… 112
　　一、水泥基渗透结晶型防水材料防水工程对材料的要求 ………… 112
　　二、水泥基渗透结晶型防水材料的施工要点 ……………………… 113
　　三、常用施工工具 …………………………………………………… 117
　　四、涂料的基本操作技术 …………………………………………… 127
　　五、水泥基渗透结晶型防水材料常用施工工法 …………………… 130
　　六、特殊部位的处理和施工的其他注意事项 ……………………… 132
　　七、施工质量检查验收 ……………………………………………… 133
　　八、水泥基渗透结晶型防水剂常见的几种防止渗水的做法 ……… 133

第六章　水泥基渗透结晶型防水材料的研究和施工实例 ……………… 135
　第一节　水泥基渗透结晶型防水材料的研究 ………………………… 135
　　一、水泥基渗透结晶型防水涂料的应用探讨 ……………………… 135
　　二、渗透结晶型防水材料的研究 …………………………………… 139
　　三、YJH 渗透结晶型防水材料耐化学侵蚀和抗冻融循环的研究 142
　　四、XYPEX 处理过的混凝土与未处理的混凝土的比较 ………… 146
　第二节　水泥基渗透结晶型防水材料的施工实例 …………………… 148
　　一、地下侧墙防水工程的施工实例 ………………………………… 148
　　二、地下底板、顶板防水工程的施工实例 ………………………… 154
　　三、其他防水、堵漏工程的施工实例 ……………………………… 157
　第三节　水泥基渗透结晶型防水材料的设计与施工指南 …………… 169
　　一、设计指南（XYPEX）渗透结晶型防水材料的应用图例 …… 169
　　二、施工指南 ………………………………………………………… 191

参考文献 ……………………………………………………………………… 196

第一章 绪论

我国现行新型建筑防水材料，大的方面来说，一般分为五类，即：防水卷材、防水涂料、密封材料、刚性防水材料和堵漏止水材料。水泥基渗透结晶型防水材料归属于刚性防水材料，其能均匀涂覆并且能牢固地附着在混凝土等材料表面，并对被涂物体起到防水、堵漏、防腐、补强及其他特殊保护作用。

第一节 水泥基渗透结晶型防水材料的基本介绍

随着人们的环境保护意识的逐步提高，无机环保型防水材料应用范围越来越广，水泥基渗透结晶型防水材料已逐渐成为地下混凝土结构防水堵漏工程的主要新型防水材料。

水泥基渗透结晶型防水材料产品在与水拌和后，可配制成刷涂在水泥混凝土表面的浆料，从而形成防水涂层；亦可将其以干粉的形式撒覆并压入尚未完全凝固的水泥混凝土表面或者直接将其用作防水剂掺入到混凝土中以增强混凝土的抗渗性能。

水泥基渗透结晶型防水材料现已发布了适用于以硅酸盐水泥为主要成分，掺入一定量的活性化学物质制成的，用于水泥混凝土结构防水工程的，粉状水泥基渗透结晶型防水材料的 GB 18445—2012《水泥基渗透结晶型防水材料》国家标准。此标准的发布，对水泥基渗透结晶型防水材料的广泛应用起到了很好的规范和推动作用。

一、定义和类型

1. 水泥基渗透结晶型防水材料的定义

水泥基渗透结晶型防水材料（cementitions capillary crystalline water proofing materials，CCCW）是指其与水作用后，材料中含有的活性化学物质以

水为载体在混凝土中渗透，与水泥水化产物生成不溶于水的针状结晶体，填塞毛细孔道和微细缝隙，从而提高混凝土致密性与防水性的一类用于水泥混凝土的刚性防水材料。

水泥基渗透结晶型防水材料中的活性化学物质是指由碱金属盐或碱土金属盐、络合化合物等复配而成的，具有较强的渗透性，能与水泥的水化产物发生反应生成针状晶体的一类化学物质。

2. 水泥基渗透结晶型防水材料的类型

水泥基渗透结晶型防水材料按其使用方法的不同，可分为水泥基渗透结晶型防水涂料（其代号为：C）和水泥基渗透结晶型防水剂（其代号为：A）两大类产品。

（1）水泥基渗透结晶型防水涂料　水泥基渗透结晶型防水涂料是指以硅酸盐水泥、石英砂为主要成分，掺入一定量活性化学物质制成的，经与水拌和后调配成可刷涂或喷涂在水泥混凝土表面的浆料，亦可采用干撒压入未完全凝固的水泥混凝土表面的一类粉状水泥基渗透结晶型防水材料。

水泥基渗透结晶型防水涂料品种繁多，下面举例介绍几种具有不同性能特征的水泥基渗透结晶型防水涂料产品。

① 堵漏型水泥基渗透结晶型防水涂料　堵漏型水泥基渗透结晶型防水涂料是指在水泥基渗透结晶型防水涂料成分中添加速凝剂，并适当使用早强成分的外加剂，或者使用快凝快硬水泥（通常也称为双快水泥）代替硅酸盐水泥，从而制得凝结和强度增长都非常快的一类水泥基渗透结晶型防水涂料。这类产品在满足堵漏施工的同时，能够随着堵漏时间的延长而使堵漏材料逐步密实，并向混凝土基层中渗入活性物质，提高混凝土基层的抗渗性，增加堵漏施工的安全系数。

② 早强型水泥基渗透结晶型防水涂料　早强型水泥基渗透结晶型防水涂料是指在水泥基渗透结晶型防水涂料成分中添加早强剂，或者使用早强型水泥代替硅酸盐水泥，从而制得强度增长快的一类水泥基渗透结晶型防水涂料。这类产品在保持渗透结晶型防水涂料的特征下，由于其强度增长快，故有利于防水施工速度的提高和方便某些防水施工操作。

③ 复合型水泥基渗透结晶型防水涂料　复合型水泥基渗透结晶型防水涂料是指在归属于刚性防水材料的水泥基渗透结晶型防水涂料成分中增加具有柔韧性的有机聚合物（如添加适量可再分散乳胶粉等），从而制得具有弹性涂膜的一类水泥基渗透结晶型防水涂料。这类产品除了具有水泥基渗透结晶型防水涂料的特征外，涂膜还具有很好的柔韧性和防水性的特征。

（2）水泥基渗透结晶型防水剂　水泥基渗透结晶型防水剂是指以硅酸盐水泥和活性化学物质为主要成分制成的，掺入到水泥混凝土拌合物中使用的一类粉状水泥基渗透结晶型防水材料。

目前的建筑防水剂，从防水原理上可分为三类。第一类是防水剂的作用从堵塞建材毛细孔，降低孔隙率着手。由于建材与防水剂接触部位的密度增加，使抗渗性得到提高，从而达到抗渗防水的目的，这是一种永久性的功能。但由于防水剂不改变建材表面的分子结构，故水滴在建材表面仍显示湿润现象，其防水效果不能直观见到，需通过测定试件在使用防水剂前后的抗渗性能，从对比结果来了解。第二类以有机硅防水剂为代表，防水剂在硅质建材表面与羟基脱水交联，通过Si—O—Si基团朝向硅质建材，甲基基团向外而形成憎水层。此种状态的建材，毛细孔依然存在，气态水作用依然存在，进行洒水试验可以看到水在建材表面形成滚动的水珠，而不能侵入建材的现象。第三类以各种高分子乳液为代表，它们在建材表面脱水形成致密连续的防水膜，隔绝雨水与建材的接触。它不同于第二类的疏水处理，而是密封处理。由于高分子膜不同，水与膜所形成的湿润角大小不同，故水洒在其表面呈不同球状的水滴。

堵塞毛细孔，提高建材抗渗性的防水剂又有两种类型，一种是结晶型，另一种就是渗透结晶型。结晶型以氯化物金属盐为代表，此种防水剂含有活性金属离子（阳离子），在水泥中可生成一系列不溶性盐堵塞于毛细孔中，防水剂被消耗，金属离子不能继续迁移，故称为结晶型防水剂，这种防水剂必须掺入水泥中使用。有些防水剂含有活性阴离子，在遇到水泥中的钙、镁等离子时生成不溶性盐，同时产生结晶，它们可以掺入水泥使用，也可以涂刷于建材表面。此类防水剂称渗透结晶型防水剂。

水泥基渗透结晶型防水材料（A型）防水剂的主要成分与（C型）防水涂料基本相同，是一种无毒、无害、无污染的环保型粉状刚性防水材料。

混凝土是一种非匀质材料，从微观结构上看属于多孔体，这些空隙是造成混凝土渗漏水的主要原因。水泥基渗透结晶型防水剂掺入混凝土后，与水泥的化合生成物发生化学反应，产生氢氧化铝、氢氧化铁等胶体物质堵塞混凝土内的毛细通道和空隙，降低混凝土的空隙率，提高其密实性，同时还生成具有一定膨胀性的结晶体水泥硫铝酸钙，它不但具有填充、堵塞毛细孔隙的作用，还具有一定的膨胀性能，可减少或消除混凝土体积收缩，提高混凝土的抗裂性。

水泥基渗透结晶型防水材料（A型）防水剂的主要成分有高活性化学物质，掺入水泥砂浆和混凝土中，在水泥水化过程中能形成结晶体，封闭砂浆或混凝土内的细微裂缝和毛细通道，将水泥石和骨料牢固地结合在一起，并成为砂浆和混凝土的一部分，在潮湿或受水侵蚀的环境中，它将会继续起水化作用，使砂浆和混凝土的强度和抗渗性得到进一步的加强。因此，掺入水泥基渗透结晶型防水材料（A型）防水剂的水泥砂浆和混凝土具有良好的防水、防冻、防腐、高强度、抗裂性、耐久等物理性能，真正达到了防水防腐作用。主要适用于工业与民用建筑、地下结构等工程的防水、防潮、抗渗。

二、水泥基渗透结晶型防水材料的技术性能要求

（一）相关标准对水泥基渗透结晶型防水材料产品提出的技术性能要求

1. GB 18445—2012《水泥基渗透结晶型防水材料》国家标准对其提出的技术性能要求

（1）水泥基渗透结晶型防水材料产品按产品名称和标准号的顺序标记。如：水泥基渗透结晶型防水涂料的标记为："CCCW-C-GB 18445—2012"。

（2）水泥基渗透结晶型防水材料的一般要求是：产品不应对人体、生物、环境与水泥混凝土性能（尤其是耐久性）造成有害的影响，所涉及与使用有关的安全与环保问题，应符合我国相关标准和规范的规定。

（3）水泥基渗透结晶型防水材料的技术要求如下：①水泥基渗透结晶型防水涂料应符合表 1-1 的规定；②水泥基渗透结晶型防水剂应符合表 1-2 的规定。

表 1-1　水泥基渗透结晶型防水涂料　　　　　　　GB 18445—2012

序　号	试 验 项 目		性 能 指 标
1	外观		均匀、无结块
2	含水率/%	≤	1.5
3	细度，0.63mm 筛余/%	≤	5
4	氯离子含量/%	≤	0.10
5	施工性	加水搅拌后	刮涂无障碍
		20min	刮涂无障碍
6	抗折强度(28d)/MPa	≥	2.8
7	抗压强度(28d)/MPa	≥	15.0
8	湿基面黏结强度(28d)/MPa	≥	1.0
9	砂浆抗渗性能	带涂层砂浆的抗渗压力[①](28d)/MPa	报告实测值
		抗渗压力比(带涂层)(28d)/% ≥	250
		去除涂层砂浆的抗渗压力[①](28d)/MPa	报告实测值
		抗渗压力比(去除涂层)(28d)/% ≥	175
10	混凝土抗渗性能	带涂层混凝土的抗渗压力[①](28d)/MPa	报告实测值
		抗渗压力比(带涂层)(28d)/% ≥	250
		去除涂层混凝土的抗渗压力[①](28d)/MPa	报告实测值
		抗渗压力比(去除涂层)(28d)/% ≥	175
		带涂层混凝土的第二次抗渗压力(56d)/MPa ≥	0.8

① 基准砂浆和基准混凝土 28d 抗渗压力应为 $0.4^{+0.0}_{-0.1}$ MPa，并在产品质量检验报告中列出。

表 1-2　水泥基渗透结晶型防水剂　　GB 18445—2012

序　号	试　验　项　目		性 能 指 标
1	外观		均匀、无结块
2	含水率/%	≤	1.5
3	细度,0.63mm 筛余/%	≤	5
4	氯离子含量/%	≤	0.10
5	总碱量/%		报告实测值
6	减水率/%	<	8
7	含气量/%	≤	3.0
8	凝结时间差	初凝/min　　＞	−90
		终凝/h	—
9	抗压强度比/%	7d　　≥	100
		28d　　≥	100
10	收缩率比(28d)/%	≤	125
11	混凝土抗渗性能	掺防水剂混凝土的抗渗压力①(28d)/MPa	报告实测值
		抗渗压力比(28d)/%　　≥	200
		掺防水剂混凝土的第二次抗渗压力(56d)/MPa	报告实测值
		第二次抗渗压力比(56d)/%　　≥	150

① 基准混凝土 28d 抗渗压力应为 $0.4^{+0.0}_{-0.1}$ MPa,并在产品质量检验报告中列出。

　　表 1-1、表 1-2 中的去除涂层的抗渗压力是指将基准试件表面涂刷水泥基渗透结晶型防水涂料后,在规定养护条件下养护至 28d,去除涂层后进行试验所测定的抗渗压力;第二次抗渗压力是指水泥基渗透结晶型防水材料的抗渗试件经第一次抗渗试验透水后,在标准养护条件下,带模在水中继续养护至 56d,进行第二次抗渗试验所测定的抗渗压力。

2. GB 50208—2011《地下防水工程质量验收规范》国家标准对其提出的技术性能要求

　　水泥基渗透结晶型防水涂料的质量指标应符合表 1-3 的规定。

表 1-3　水泥基渗透结晶型防水涂料的主要物理性能　　GB 50208—2011

项　目	指　标
抗折强度/MPa	≥4
黏结强度/MPa	≥1.0
一次抗渗性/MPa	＞1.0
二次抗渗性/MPa	＞0.8
冻融循环/次	＞50

3. JGJ/T 212—2010《地下工程渗漏治理技术规程》建筑工程行业标准对其提出的技术性能要求

水泥基渗透结晶型防水涂料的性能指标应符合表1-4的规定，并应按现行国家标准《水泥基渗透结晶型防水材料》（GB 18445—2012）的规定进行检测。

表1-4　水泥基渗透结晶型防水涂料的物理性能　JGJ/T 212—2010

序　号	项　目		性　能
1	凝结时间	初凝时间/min	≥20
		终凝时间/h	≤24
2	抗折强度/MPa	7d	≥2.8
		28d	≥4.0
3	抗压强度/MPa	7d	≥12
		28d	≥18
4	潮湿基层黏结强度(28d)/MPa		≥1.0
5	抗渗压力/MPa	一次抗渗压力(28d)	≥1.0
		二次抗渗压力(56d)	≥0.8
6	冻融循环(50次)		无开裂、起皮、脱落

4. CECS 195：2006《聚合物水泥、渗透结晶型防水材料应用技术规程》中国工程建设标准化协会标准对粉状渗透结晶型防水材料提出的技术性能要求

（1）粉状渗透结晶型防水材料应为无杂质、无结块的粉末。

（2）粉状渗透结晶型防水材料的物理力学性能应符合表1-5的要求。

表1-5　粉状渗透结晶型防水材料的物理力学性能　CECS 195：2006

序　号	试 验 项 目		性 能 指 标	
			Ⅰ	Ⅱ
1	安定性		合格	
2	凝结时间	初凝时间/min	≥20	
		终凝时间/h	≤24	
3	抗折强度/MPa	7d	≥2.80	
		28d	≤3.50	
4	抗压强度/MPa	7d	≥12.0	
		28d	≥18.0	
5	湿基面黏结强度/MPa		≥1.0	
6	抗渗性	第一次抗渗压力(28d)/MPa	≥0.8	≥1.2
		第二次抗渗压力(56d)/MPa	≥0.6	≥0.8
		抗渗压力比(28d)/%	≥200	≥300

5. HJ 456—2009《环境标志产品技术要求 刚性防水材料》国家环境保护标准对其提出的技术性能要求

（1）水泥基渗透结晶型防水材料的基本要求是：①水泥基渗透结晶型防水材料的质量应符合 GB 18445—2012 的要求；②产品生产企业污染物排放应符合国家或地方规定的污染物排放标准的要求。

（2）水泥基渗透结晶型防水材料的技术内容要求如下：①产品中不得人为添加铅（Pb）、镉（Cd）、汞（Hg）、硒（Se）、砷（As）、锑（Sb）、六价铬（Cr^{6+}）等元素及其化合物；②产品的内、外照射指数均不大于 0.6；③产品有限物限值应符合表 1-6 要求；④企业应建立符合 GB/T 16483—2008 要求的原料安全数据单（MSDS），并可向使用方提供。

表 1-6 产品有限物限值   HJ 456—2009

项　目	限　值
甲醛/（mg/m³）	≤0.08
苯/（mg/m³）	≤0.02
氨/（mg/m³）	≤0.1
总挥发性有机化合物（TVOC）/（mg/m³）	≤0.1

（二）水泥基渗透结晶型防水材料部分技术性能指标的意义

1. 水泥基渗透结晶型防水材料的均质性指标

水泥基渗透结晶型防水材料的均质性指标有含水率、总碱量、氯离子含量、细度等，这些试验项目是反映生产企业质量管理水平与产品质量稳定性的重要指标。

水泥基渗透结晶型防水材料一般是以粉状形式供应用户的，因此含水率的高低会影响到产品的储存与使用性能，所以应加以控制。

氯离子对钢筋有锈蚀作用，所以也应加以控制。

碱集料的反应可导致混凝土的破坏，混凝土中的碱主要由水泥、集料、外加剂等材料带入，因此，严格降低混凝土中的总碱量，则可以提高建筑物和构筑物的耐久性。

各生产企业掺合料的细度差别较大，所以也应加以控制。

2. 水泥基渗透结晶型防水涂料的物理力学性能指标

水泥基渗透结晶型防水涂料的物理力学性能指标有施工性、抗折强度、抗压强度、湿基面黏结强度、砂浆抗渗性能、混凝土抗渗性能等。

水泥基渗透结晶型防水涂料是刷涂在水泥混凝土表面，依靠活性化学物质渗入混凝土内部，形成不溶于水的结晶体，从而堵塞毛细孔道而使混凝土致密，同时，涂层与混凝土基层形成一个整体，达到防水、抗渗的目的。由此可见，涂层与基层混凝土的黏结是十分重要的，是形成整体防水的必要前提。按照国家标准，涂层与湿基面的黏结强度应≥1MPa。

抗渗压力可以分为迎水面抗渗压力和背水面抗渗压力，一般防水材料都用作外防水，只需要做迎水面抗渗压力的测试，水泥基渗透结晶型防水涂料既可以用于外防水，又可以用于内防水。故需要做迎水面抗渗压力测试和背水面抗渗压力测试。若进行背水面抗渗压力测试，则会对产品的抗渗性能要求更高。水泥基渗透结晶型防水材料由于其作用是通过"渗透结晶"、"堵塞毛细孔道"来达到抗渗防水的，而这种物理化学反应是在整个使用过程中持续进行的，当混凝土表面在其内部出现微细裂纹时，水泥基渗透结晶型防水材料中的活性化学物质就能"渗透结晶"，从而使已出现的裂纹得到自动愈合。为了能直观表征水泥基渗透结晶型防水材料的自愈能力，一般在进行试验验证过程中，采用两种试验方式：去除涂层的抗渗压力试验和第二次抗渗压力试验。①去除涂层的抗渗压力是指将基准试件表面涂刷水泥基渗透结晶型防水涂料后，在规定的养护条件下养护至28d，去除涂层后进行试验所测定的抗渗压力，观察其是否"渗透结晶"；②第二次抗渗压力是指水泥基渗透结晶型防水材料的抗渗试件经第一次抗渗试验透水后，在标准养护条件下，带模在水中继续养护至56d，然后进行第二次抗渗试验所测定的抗渗压力，观察其有无抗渗能力。

3. 水泥基渗透结晶型防水剂的物理力学性能指标

水泥基渗透结晶型防水剂外掺入混凝土内，可以减少其用水量，具有微膨胀作用，能改善和提高抗压强度，防止钢筋锈蚀，其综合改善混凝土性能的优势是其他防水剂所不具备的。

已掺水泥基渗透结晶型防水剂的混凝土，其物理力学性能包括减水率、含气量、凝结时间差、抗压强度比、收缩率比、混凝土抗渗性能等指标。

三、水泥基渗透结晶型防水材料的性能特点

水泥基渗透结晶型防水材料的主要特征是渗透结晶，一般的表面防水材料在经过一段时间的老化作用后，即可能逐渐丧失它的防水功效，而水泥基渗透结晶型防水材料在水的引导下，以水为载体，借助强有力的渗透性，在混凝土微孔的毛细管中进行传输充盈，发生物化作用，形成不溶于水的结晶体，与混凝土结构结合成为封闭式的防水层整体，堵截来自任何方向的水流及其他液体侵蚀，既达到长久性防水、耐腐蚀的作用，又起到保护钢筋、增强混凝土结构强度的作用。不同生产厂家的不同产品，其性能特点也略有不同，但主要性能特点如下。

1. 具有双重的防水性能

水泥基渗透结晶型防水材料所产生的渗透结晶能深入到混凝土结构内部堵塞结构孔缝，无论其渗透深度有多少，都可以在结构层内部起到防水作用；同时，作用在混凝土结构基面的涂层由于其微膨胀的性能，能起到补偿收缩的作用，能

使施工后的结构基面同样具有很好的抗裂抗渗作用。

2. 具有极强的耐水压能力

能长期承受强水压，部分产品的测试结果表明：在厚 50mm、抗压强度为 13.8MPa 的混凝土试件上，涂刷两层水泥基渗透结晶型防水材料，至少可承受 123.4m 的水头压力（1.2MPa）。

3. 具有独特的自我修复能力

水泥基渗透结晶型防水材料是无机防水材料，所形成的结晶体不会产生老化，晶体结构许多年以后遇水仍能激活水泥，产生新的晶体将继续密实，密封或再密封小于 0.4mm 的裂缝，完成自我修复的过程。

4. 具有防腐、耐老化、保护钢筋的作用

混凝土的化学侵蚀和钢筋锈蚀与水分和氯离子渗入分不开。水泥基渗透结晶型防水材料的渗透结晶和自我修复能力使混凝土结构密实，从而最大程度地降低了化学物质、离子和水分的侵入，保护钢筋混凝土免受侵蚀。

水泥基渗透结晶型防水材料产生的不溶于水的晶体不影响混凝土呼吸的能力，能保持混凝土结构内部的正常透气、排潮、干爽，在保持混凝土内部钢筋不受侵蚀的基础上延长了建筑物的使用寿命。同时，用水泥基渗透结晶型防水材料处理过的混凝土结构还有效地防止了因冻融而造成的剥落、风化及其损害。

5. 具有对混凝土结构的补强作用

用水泥基渗透结晶型防水材料施工后的结构，由于它不是晶体结构重新激活，而是未水化水泥被激活，增加了密实度，对结构起到了加强作用，一般能提高混凝土强度的20％～30％。

6. 具有长久性的防水作用

水泥基渗透结晶型防水材料所产生的物化反应最初是在工作面表层或临近部位，随着时间的推移逐步向混凝土结构内部进行渗透。各生产企业的产品渗透深度为 10～30cm 不等（个别生产企业表示其产品渗透深度更大）。在通常情况下，所形成的晶体结构不会被损坏，且性能稳定不分解，防水涂层即使遭受磨损或被刮掉，也不会影响防水效果，因为其有效成分已深入渗透到混凝土结构内部，故其防水作用是长久性的。

7. 符合环保标准，无毒、无公害

水泥基渗透结晶型防水材料是一种无毒、无味、无害、无污染的环保型产品，可按环保（绿色）建材的通用标准进行检测。

8. 具有施工方法简单、省工省时的优点

水泥基渗透结晶型防水材料施工时对基面要求简单，对混凝土基面不需要做找平层；施工完成后也不需要做保护层。只要涂层完全固化后就不怕磕、砸、撞、剥落及磨损。对渗水、泛潮的基面可随时施工，对新建或正在施工的混凝土基面，在养护期间（水分未完全挥发时）即可同时使用。底板施工若采用干撒法则更为简单（具体参阅第五章第二节内容）。

第二节　水泥基渗透结晶型防水材料的防水机理和应用

一、水泥基渗透结晶型防水材料的防水机理

水泥基渗透结晶型防水材料是一种水泥基加入无机骨料，混配而成的淡灰色无机粉末状材料，以水为介质的水化反应生成物与混凝土成分相似。水泥基渗透结晶型防水材料中含有的活性化学物质在水的作用下，通过表层水对结构内部的侵蚀，被带入了结构表层内部孔缝中，与混凝土中的游离氧化钙交互反应生成不溶于水的硫铝酸钙（$3CaO \cdot Al_2O_3 \cdot CaSO_4 \cdot 32H_2O$）渗透结晶物。结晶物在结构孔缝中吸水膨大，由疏致密，使混凝土结构表层向纵深逐渐形成一个致密的抗渗区域，大大提高了结构整体的抗渗能力。由于水泥的水化反应是一个不完全的反应过程，在不失水的状态下，多年以后反应仍有进行，而在后期的水化反应过程中同样能催化活性化学物质生成结晶，因此，一旦防水结构被水再次穿透，自然产生了自愈能力，也就是具备了多次抗渗能力。可以说，水泥基渗透结晶型防水材料的渗透结晶原理，其实就是通过水的作用，涂层中含有的活性化学物质促使结晶在表层快速生成，通过表层毛孔逐渐向内部渗透深入的一个过程。通过这个过程来充实混凝土结构内部的结晶密度。由于这种被钙化了的结晶物质容易与混凝土中的C—S—H凝胶团相结合，从而也就更进一步加强了结构的密实度，同时也增强了结构自身的抗渗性能。

除了深入混凝土结构内部的渗透结晶之外，用C型防水涂料施工的涂层中由于水化空间和C—S—H凝胶的束缚，形成大量的凝胶状结晶，在涂层中起到密实抗渗的作用，随着时间（一般为14～28d）的发展，结晶量也在递增，这时防水涂层和渗透结晶共同增强了结构整体的抗渗能力。

因此，无论是深入结构内部的渗透结晶，还是涂层中的凝胶状结晶，都能提高混凝土结构的密实度和抗渗性能，从本质上改善了普通混凝土结构体积的不稳定带来的再次裂渗。

当然，水泥基渗透结晶型防水材料的渗透是有条件的。它的渗透深度不仅取决于产品本身的质量，还取决于混凝土（水泥建材）的吸收等级（毛细孔数量、分布、孔缝结构）和水泥基渗透结晶型防水材料的用量、使用方法及施工环境。

水泥基渗透结晶型防水材料要向混凝土结构内部渗透，首先必须要湿润基面。根据专家验证，水泥基渗透结晶型防水材料在混凝土表面形成的湿润角越小则越容易在结构基面上扩展，也就越容易向结构内部渗透。质量优良的水泥基渗

透结晶型防水材料具有较小的表面张力，表面张力越小，它向结构内部渗透的性能越好。

像花岗岩之类没有孔隙的基材是不会渗透的。混凝土结构的渗透性与毛细孔含量有密切关系。一般而言，当混凝土的毛细孔率小于20％时，渗透系数已相当小，基本上已是不透水的。但要控制这么小的毛细孔率，需采取严格的措施（如水灰比、砂石的级配及掺量、添加剂、振捣养护等）。从理论上讲，保证水泥水化所需的水只需占水泥质量的23％左右，但这么少的水量，使拌合物的和易性很差，即使振捣再均匀也难以保证浇灌质量。为了使拌合物具有足够的流动性以便于施工，往往需要多加一些水（占水泥质量的40％～60％）。当水泥硬化后，这些多余的水就会在混凝土结构中形成孔隙和毛细管通道，它们的数量、分布、结构形式直接影响混凝土的抗渗性。毛细孔率越大，抗渗性越差，水泥基渗透结晶型防水材料就越容易渗透。随着渗透结晶所起的作用，混凝土的密实度提高，渗透也就会越来越缓慢。

水泥基渗透结晶型防水材料与水泥矿物的反应只有在溶液中才能进行，因此，水的存在是渗透结晶的必要条件。缺少了水，混凝土结构处于干燥环境，水泥矿物、水化物和水泥基渗透结晶型防水材料都是固态存在，也就无所谓渗透，它们在常温下也不可能反应产生新的物质，水泥基渗透结晶型防水材料的这种状态被称为"休眠"。一旦混凝土结构出现细裂缝，水的渗入使水泥矿物、水化物及水泥基渗透结晶型防水材料重新呈离子状态，恢复活性，发生反应并生成结晶体，这一现象随着渗入的水沿毛细孔向混凝土结构内部发展，从而形成了渗透结晶型防水材料的渗透。所以说，潮湿环境是水泥基渗透结晶型防水材料进行渗透的必要条件之一。

广而言之，不仅仅是混凝土结构体，只要是使用水泥基渗透结晶型防水材料进行防水施工的任何水泥建材，其作用原理都是一样的。

因此，有关专家将水泥基渗透结晶型防水材料的化学反应机理归纳为以下三点。

（1）由于绝大多数防水材料只适宜做迎水面防水施工，故水泥基渗透结晶型防水材料是混凝土结构背水面防水处理的理想材料。其作用机理是"渗透功能"，通过混凝土的毛细管来密实混凝土结构达到防水抗渗的效果，具有这种材料的独特性。

（2）游离氧化钙和湿气是水泥基渗透结晶型防水材料的两个重要工作（反应）要素。鉴于游离氧化钙遍布在混凝土中，而任何混凝土结构只要渗漏水就有湿气。可见这两个条件极易具备。

（3）湿气、游离氧化钙和承压水盐分中的化学物质是水泥基渗透结晶型防水材料结晶形成并增长的基本条件。湿气和游离氧化钙这两个要素，如果在混凝土的毛细管中始终存在，则水泥基渗透结晶型防水材料的结晶形成会不间断地进行。若两个要素缺一，则化学反应中止，而活化了的结晶体潜伏在混凝土的毛细管中。一旦渗漏水再次侵入混凝土，则活化了的结晶体会恢复结晶体增长的化学反应过程，不断充填混凝土中的毛细通路，从而使混凝土致密，增强了抗渗性能。

需要提示的是，从迎水面可以做防水层的工程，应尽量在迎水面实施，这是公认的。但水泥基渗透结晶型防水材料背水面防水涂层做法，给无法或难以在迎水面做防水施工的混凝土工程提供了可以信赖的材料与施工工艺。

二、水泥基渗透结晶型防水材料的工程应用

水泥基渗透结晶型防水材料可广泛应用于隧道、大坝、地下建筑、桥梁等工程，既可单独使用，也可以根据实际工程的需要，结合柔性防水材料一起使用。

概括不同生产厂家不同产品的工程案例，其适用范围大致如下：地下铁道、地下室、混凝土管道、水库、发电站、核电站、冷却塔、水坝、隧道、涵洞、船坞沉箱、电梯坑、废水处理厂、游泳池、污水池、桥梁结构、谷物仓库、高速公路、机场跑道、油池、运动场、混凝土路面、厨房、卫生间、喷泉、蓄水池、饮用自来水厂以及混凝土建筑设施的所有结构弊病的维修堵漏。

从国内外多项工程实例分析，水泥基渗透结晶型防水材料的应用覆盖面十分广泛，并且已经有了成熟的施工工艺。但任何一类防水材料都有自己最适宜的使用范围，只有正确选用，并严格按照它的技术规定施工操作，方可达到预期的防水效果。

1. 要发挥水泥基渗透结晶型防水材料防水和堵漏的通用性

渗透结晶型防水材料属于刚性防水材料，它具有其他材料难以比拟的二次抗渗性以及与结构的相融性。作为混凝土结构的防水和堵漏，在概念上可以区分，但在施工行为上有时很难区别，都是为了提高混凝土结构的抗裂抗渗作用。要提高混凝土结构的抗裂抗渗能力，发挥防水材料防水和堵漏的共用性才是做好防水和堵漏工程的基础。

混凝土结构最大的缺点就是开裂，结构的开裂就会带来渗漏，特别是地下工程，由于长期处于地下水的侵蚀和包围中，一旦开裂，渗漏特别严重。现在混凝土结构施工通过添加外加剂虽然能有效地控制结构前期的开裂，但是，结构在振动荷载、失水和降温引起的沉降、干缩和老化作用下产生的开裂渗漏是不能预期的，而防水的目的应该是针对结构后期开裂带来的渗漏，是一种预防性的措施，也就是说，怎样预防混凝土结构因不确定因素造成的开裂渗漏才是防水施工具有的实际意义。而因施工等原因造成的蜂窝状结构、钢筋孔产生的渗漏水现象，在结构形成的初期渗漏就开始了。

在防水施工中，因混凝土结构本身出现一些问题，基面蜂窝状情况比较严重的情况并不少见，采用水泥基渗透结晶型防水材料做防水施工，需要处理的基面可先采用堵漏的方式进行修复，再在基面表层做防水涂层，这样做既加强了混凝土结构的强度，又大大提高了结构表层的抗裂抗渗能力。

由于防水涂层的坚固，能有效封住结构基面微小开裂带来的渗漏。因此防水涂层的加强，不仅能增加水泥基渗透结晶型防水材料的水化反应空间，同时，也能确保防水涂层中有充足的活性水化反应物质来增加对混凝土结构的渗透结晶，对混凝土结构能直接起到补强的作用。

任何事物都有它的两面性，水泥基渗透结晶型防水材料的防水原理其实不复杂，但如果缺少防水涂层的作用，渗透结晶物就抗不住高水压穿透，更抗不住结构开裂。反之，没有在混凝土结构内部的渗透结晶物，防水涂层再坚固，但缺少了抗水的密实度，照样要漏水。同样道理，在堵漏施工中，对渗漏结构的补强也就是做好堵漏施工的关键。

2. 只有提高防水涂层的质量，才能达到真正的防水目的

水泥基渗透结晶型防水材料的抗渗防水作用是显著的，但如何真正有效地发挥渗透结晶的作用，尚需认真对待。根据国家标准，试块在涂刷防水材料后的抗渗压力为 1.2MPa，经过 28d 的养护，二次抗渗压力要求达到 0.8MPa，以此类推，再过 28d 的三次抗渗压力是否更小，那么若干次后的抗渗能力呢？这和抗折、抗压强度正好相反，这是否说明渗透结晶型防水材料每次抗渗能力的递减，随着时间的加长其防水能力也在衰退呢？其实不然。试验室里的测试数据和实际工程运用情况往往是有一定差异的。水泥基渗透结晶型防水材料因其活性化学物质渗透结晶的特性，随着时间的推移，它的防水效果反而会越来越好，这一点，已经被大量工程实例所证实。但必须把防水材料的施工确定在提高涂层的防水质量上，结合结构补强，才能达到真正的防水目的。

要提高涂层的防水质量，确定每平方米多少材料用量其实也是做好防水施工的关键，特别是水泥基渗透结晶型防水材料，存在着一个水化反应空间问题，也就是说，防水材料用量越多，防水涂层越厚，水化反应空间也就越大。反之则越小，有限的水化反应空间，要催化更多的活性化学物质产生更多的渗透结晶也是有限的。所以必须强调，涂层厚度按国标要大于 0.8mm，一般不超过 2mm，其间关键是和成本控制形成一个最恰当的比例。

无论是何种原因产生的渗漏，都是因为这个部位就是该结构的缺陷处，常规的用聚氨酯压浆的堵漏施工，它的施工方法不可能起结构补强的作用，只是维持了结构原来的破坏状态，再说聚氨酯的聚合物长期浸泡在水中会逐渐变成糊状物而失去抗水性，一旦表层封堵结构裂开就丧失了堵漏的作用。因此，提高防水涂层的质量就显得更为重要了。

无论是混凝土结构防水还是堵漏，都是在混凝土结构表层起到一个防挡水的作用。要想真正达到防水目的，就必须提高防水涂层的质量，水泥基渗透结晶型防水材料由于施工简单而往往容易使施工人员忽视这个问题，这在施工过程中应该引起重视。

3. 水是决定渗透结晶深度的主要因素

混凝土结构的裂渗是个世界性的问题，许多发达国家虽然解决了结构前期的毛孔渗水问题，但终究解决不了结构的开裂带来的渗漏。防水材料虽不能根治混凝土结构的开裂，但最起码要有延缓结构开裂、防挡因开裂带来渗漏水的作用。

水泥基渗透结晶型防水材料能产生大量结晶，但渗透的深度还受条件限制，受到地下水酸碱度的影响，更受混凝土结构毛孔分布结构的影响，事实上只要水通过混凝土结构，防水表层对结构的侵蚀有多深，那么结晶体的渗透就可能有多深。渗透结晶是根据水的回流来决定的，水在流动过程中碰上防水涂层产生回流，把防水涂层中的有效活性化学物质带到了内部与结构内部的游离子反应生成结晶物。因此，水的回流有多深那么结晶体的形成也应该有多深，多棱柱状的结晶体在毛细孔和开裂缝内形成团状结晶体，吸附在孔缝壁间吸水膨胀，起到止水的作用。在无水状态下，防水涂层中的结晶体就不太可能会被激化渗透。

水泥基渗透结晶型防水材料，其防水理念针对的是混凝土结构一贯的病害特征，具有综合性的治理作用，既适合防水同时也适合堵漏，它的推广应用把防水和堵漏提升到了同一个概念上。

三、水泥基渗透结晶型防水材料在建筑防水工程中的重要地位

随着我国经济建设事业的不断发展，近年来，城乡建设呈飞速增长的趋势，城市的安居工程和住宅小区相继拔地而起，由于高层建筑的增多，地下防水的工程量也相应增大。同时，为了改善城市交通环境，好多城市都在修建地铁、隧道等各种地下交通设施。这些地下工程都离不开防水。随着建筑业的发展和地下及大坝工程的不断增多，人们对建筑物的防水和地下工程的防潮、防腐材料提出了越来越高的要求。建筑防水材料是建筑工程的重要组成部分，其性能优劣程度直接影响建筑物的使用寿命和使用功能。

传统的防水材料主要有防水卷材、防水涂料、密封材料等柔性防水材料，以及以水泥基材为主、添加防水剂及其他助剂的刚性防水材料。水泥基渗透结晶型防水材料相对传统的防水材料，具备了不可替代的优越性，解决了传统材料难以解决的施工工艺问题，提高了防水工程的工作效率，降低了防水工程的综合成本，满足了现代建筑物对耐久性的要求。水泥基渗透结晶型防水材料与传统防水材料的性能比较见表 1-7。

表 1-7 水泥基渗透结晶型防水材料与传统防水材料性能比较

内容	序号	渗透结晶型防水材料	传统防水材料
防水性能比较	1	不只靠物理作用,更主要是靠化学作用,封堵混凝土内部的微裂缝或毛细孔防水	仅靠物理作用表面封堵混凝土外部的微裂缝或毛细孔防水
	2	绿色环保产品,无毒无味	大多数材料有刺激性气味,对人体有害
	3	可提高混凝土抗压强度20%～29%	无提高
	4	可长期耐受高水压	有效期较短
	5	属无机材料,不老化,可以延长混凝土寿命	大多数属有机材料、易老化,寿命有限
	6	结晶体可渗透混凝土内达 15～500mm,可做到整体防水	仅表面防水或渗透有限且无结晶作用
	7	抗氧化、炭化、膨胀系数与混凝土基本一致	膨胀系数同混凝土有差别
	8	耐高、低温,抗冻融循环可达 350～400 次	耐高、低温及冻融循环较弱
	9	属水泥基产品,涂层同混凝土黏结牢固	与混凝土不同质,易剥落
	10	可透气,保持建筑干燥	不透气,背水面易被水压力顶开
	11	有自我修复能力,小于 0.4mm 的裂缝可自我修复	对混凝土无自我修复能力
	12	抑制碱骨料反应(AAR)	对碱骨料反应(AAR)无抑制
施工比较	1	基面允许潮湿且不需要做找平层	基面一般要求干燥,且要求做找平层
	2	可与混凝土同步施工,可缩短工期	无法与混凝土同步施工(除防水剂外)
	3	无须辅助材料,现场干净整齐	常常需要辅助材料,如溶剂等
	4	对于拐角、接缝、边缝无须特殊处理	拐角、接缝、边缘需特殊处理
	5	无搭接,保证防水整体性	有搭接,是渗漏隐患
	6	施工后无须做保护层	一般要做保护层
	7	可直接接受别的涂层	施工后外加涂层困难
	8	施工操作简单	施工操作技术较复杂
	9	综合费用较低	综合费用较高

水泥基渗透结晶型防水材料以其有别于其他防水材料的防水机理、防水性能以及其他的综合优势,在刚性防水、止水堵漏领域中已确立了自己的重要地位。

第二章 水泥基渗透结晶型 防水材料的组成

水泥基渗透结晶型防水材料的材料组成并不复杂，主要以水泥（波特兰水泥或普通水泥）、精细石英砂（或硅砂）、粉料、助剂、催化剂（俗称进口母料）等材料组成。由于生产厂家采用的进口催化剂的成分略有不同，包括国内建筑防水材料的研究开发单位对水泥基渗透结晶型防水材料母料的研制结果也有所不同，故催化剂对水泥、砂、粉料、助剂的添加比例和辅料品种的确定和选择起着十分重要的作用。

除此之外，有些生产厂家同样以"水泥基渗透结晶型防水材料"命名的产品是以液态形状供应用户，其施工方法和成形结果与粉状产品都有所不同。此类产品的材料组成与粉状产品的材料组成自然也是不相同的。本书仅按国家标准 GB 18445—2012 的要求，即以粉状产品为主介绍水泥基渗透结晶型防水材料的材料组成。

第一节 水 泥

水泥是一种与水拌和成塑性浆体并能胶结砂、石等适当材料，在空气中、潮湿环境中以及水中硬化保持并增长强度的粉状水硬性胶凝材料。水泥在胶凝材料中占有十分突出的重要地位，是建筑工程中最主要的材料之一。

一、水泥的基本性能及分类

水泥的基本性能见表 2-1。

表 2-1 水泥的基本性能

序　号	项　目	基 本 性 能
1	相对密度与表观密度	普通硅酸盐水泥的相对密度为 3.0～3.15,通常采用 3.1；表观密度为 1000～1600kg/m³,通常采用 1300kg/m³
2	细度	细度指水泥颗粒的粗细程度。颗粒越细,水泥的硬化就越快,早期强度也越高,但在干燥大气中硬化,体积会有较大的收缩

续表

序 号	项 目	基 本 性 能
3	凝结时间	水泥从加水搅拌到水泥净浆开始失去塑性的时间称为初凝;水泥从加水搅拌到水泥净浆完全失去塑性并开始产生强度的时间称为终凝时间。水泥初凝不宜过早,以便施工操作;但终凝也不宜过长,以便使混凝土尽快地硬化,达到一定的强度,以利于下道工序的进行。水泥的凝结时间与水泥的品种和混合材料掺量有关
4	强度	水泥的强度是水泥主要质量指标之一,也是确定水泥强度等级的依据。它是以标准条件下养护 28d 龄期后的水泥胶砂试件测定其每平方厘米所承受的压力值
5	安定性	安定性是指标准稠度的水泥净浆,在凝结硬化过程中,体积变化是否均匀的性质。如果水泥中含有较高的游离石灰、氧化镁或三氧化硫,就会使水泥的结构产生不均匀的变化,甚至破坏。安定性不合格的水泥不得用于工程中
6	水化热	水泥与水接触发生水化反应时会发热,这种热称为水化热。它以 1kg 水泥发生的热量(J)来表示。水泥的水化热,对于大体积混凝土是不利的,因为水化热积聚在内部不易散发,致使内外产生很大的温度差引起内应力,使混凝土产生裂缝,因此,对大体积混凝土工程,应采用低热水泥,同时应采取必要的降温措施

水泥的品种繁多,根据国家标准的水泥命名原则,水泥按其主要水硬性矿物名称可分为硅酸盐系水泥、铝酸盐系水泥、硫铝酸盐系水泥等多个系列品种。水泥按需要在水泥命名中标明的主要技术特性可进一步分为快硬性、水化热、耐高温性、抗硫酸盐腐蚀性、膨胀性等几类,其中快硬性又可分为快硬和特快硬两类;水化热又可分为中热和低热两类;抗硫酸盐腐蚀性又可分为中抗硫酸盐腐蚀和高抗硫酸盐腐蚀两类;膨胀性可分为膨胀和自应力两大类。水泥的主要品种及分类见图 2-1。

水泥按其性能和用途可分为通用水泥、专用水泥和特性水泥三大类,见表 2-2。

表 2-2 依据水泥的性能和用途的分类

种类		性能及用途	主要品种
通用水泥		指一般土木工程通常采用的水泥,这类水泥的产量大,适用范围广	硅酸盐水泥、普通硅酸盐水泥、矿渣硅酸盐水泥、火山灰质硅酸盐水泥、粉煤灰硅酸盐水泥、复合硅酸盐水泥共 6 大品种
特种水泥	专用水泥	具有专门用途的水泥	砌筑水泥、道路水泥、大坝水泥、油井水泥等品种
	特性水泥	某种性能比较突出的水泥	快硬硅酸盐水泥、抗硫酸盐硅酸水泥、低热微膨胀水泥、自应力硅酸盐水泥、白色硅酸盐水泥

　　注：在建筑工程中,习惯上将专用水泥和特性水泥统称为特种水泥。

水泥基渗透结晶型防水材料选用的水泥品种主要有通用硅酸盐水泥和铝酸盐水泥两种。

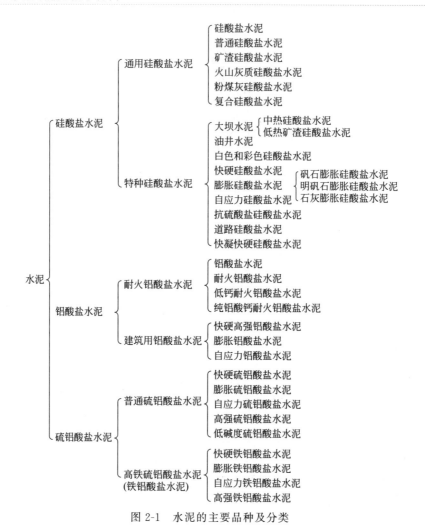

图 2-1　水泥的主要品种及分类

二、通用硅酸盐水泥

通用硅酸盐水泥是指以硅酸盐水泥熟料和适量的石膏以及规定的混合材料制成的一类水硬性胶凝材料。

硅酸盐水泥自 1824 年问世以来，在水泥工业中一直占有统治地位，这是由其中各种矿物在水化后所发挥的作用配合较好所致。长期以来，为满足一些特殊工程需要而研究开发生产的其他许多品种水泥，多数是从它派生出来的，只是在组分的含量上有所调整，仍没有超出硅酸盐水泥的范围。

建筑中最常用的水泥是普通水泥，其主要矿物组成有硅酸三钙（C_3S），粒径 $40 \sim 50 \mu m$，硅酸二钙（C_2S），粒径 $15 \sim 25 \mu m$，呈圆形或椭圆形的晶体；铝酸三钙（C_3A），晶形呈滴状、矩形成柱状形态；铁铝酸四钙（C_4AF），属斜方晶系，常呈棱柱状和圆粒状晶体，此外，还有适量的石膏，少量的游离氧化钙、方镁石及非活性混合材料。

普通水泥与水混合后立即发生极为复杂的物理化学变化（通称水泥的水化反应），其主要产物有：①水化硅酸钙（CSH），属多种状态的无定形结构；②氢氧化钙[$Ca(OH)_2$]，属三方晶系，其层状结构决定了它的片状形态，在显微镜下呈六角形片状晶体，尺寸达几十微米；③水化硫铝酸钙（$3CaO \cdot Al_2O_3 \cdot CaSO_4 \cdot aq$）（aq表示若干个水分子），呈针状晶体；有研究认为还存在钙矾石[$3CaO \cdot Al_2O_3 \cdot 3CaSO_4 \cdot (30\sim32)H_2O$]，属三方晶系，层柱状结构，以及水化硫铁酸钙[$3CaO \cdot (Al_2O_3，Fe_2O_3) \cdot CaSO_4 \cdot aq$]和它们的固溶体；④水化铝酸钙（$3CaO \cdot Al_2O_3 \cdot 6H_2O$），属立方晶系；水化铁酸钙（$3CaO \cdot Fe_2O_3 \cdot 6H_2O$）及它们的固溶体；⑤其他的水化物还有不稳定的 $4CaO \cdot Al_2O_3 \cdot 19H_2O$ 及 $2CaO \cdot Al_2O_3 \cdot 8H_2O$，都呈六方片状晶体，$4CaO \cdot Al_2O_3，Fe_2O_3 \cdot aq$，属立方晶系。

由此可知，不仅水泥本身含有晶体，而且水的存在使水泥生成了更多的晶体。

1. 通用硅酸盐水泥的分类和适用范围

（1）通用硅酸盐水泥的分类　通用硅酸盐水泥按其混合材料的品种和掺量的不同，可分为硅酸盐水泥、普通硅酸盐水泥、矿渣硅酸盐水泥、火山灰质硅酸盐水泥、粉煤灰硅酸盐水泥和复合硅酸盐水泥六大主要品种。各品种的代号和组分详见表 2-3。

表 2-3　通用硅酸盐水泥的代号和组分　　　　GB 175—2007

品　种	代　号	组分(质量分数)/ %				
		熟料＋石膏	粒化高炉矿渣	火山灰质混合材料	粉煤灰	石灰石
硅酸盐水泥	P·Ⅰ	100	—	—	—	—
	P·Ⅱ	≥95	≤5	—	—	—
		≥95	—	—	—	≤5
普通硅酸盐水泥	P·O	≥80 且<95	>5 且≤20①			—
矿渣硅酸盐水泥	P·S·A	≥50 且<80	>20 且≤50②	—	—	—
	P·S·B	≥30 且<50	>50 且≤70②	—	—	—
火山灰质硅酸盐水泥	P·P	≥60 且<80	—	>20 且≤40③	—	—
粉煤灰硅酸盐水泥	P·F	≥60 且<80	—	—	>20 且≤50④	—
复合硅酸盐水泥	P·C	≥50 且<80	>20 且≤50⑤			

① 本组分材料为符合 GB 175—2007 中 5.2.3 的活性混合材料，其中允许用不超过水泥质量 8% 且符合 GB 175—2007 中 5.2.4 的非活性混合材料或不超过水泥质量 5% 且符合 GB 175—2007 中 5.2.5 的窑灰代替。

② 本组分材料为符合 GB/T 203 —2008 或 GB/T 18046—2008 的活性混合材料，其中允许用不超过水泥质量 8% 且符合 GB 175—2007 第 5.2.3 条的活性混合材料或符合 GB 175—2007 第 5.2.4 条的非活性混合材料或符合 GB 175—2007 第 5.2.5 条的窑灰中的任一种材料代替。

③ 本组分材料为符合 GB/T 2847—2005 的活性混合材料。

④ 本组分材料为符合 GB/T 1596—2005 的活性混合材料。

⑤ 本组分材料为由两种（含）以上符合 GB 175—2007 第 5.2.3 条的活性混合材料或/和符合 GB 175—2007 第 5.2.4 条的非活性混合材料组成，其中允许用不超过水泥质量 8% 且符合 GB 175—2007 第 5.2.5 条的窑灰代替。掺矿渣时混合材料掺量不得与矿渣硅酸盐水泥重复。

　　水泥基渗透结晶型防水材料所采用的硅酸盐水泥品种主要有硅酸盐水泥和普通硅酸盐水泥两种。

　　(2) 常用水泥的主要特性和适用范围　通用硅酸盐水泥中的硅酸盐水泥、普通硅酸盐水泥（普通水泥）、矿渣硅酸盐水泥（矿渣水泥）、火山灰质硅酸盐水泥（火山灰水泥）、粉煤灰硅酸盐水泥（粉煤灰水泥）和复合硅酸盐水泥六大品种为硅酸盐水泥系列中最常见的品种，其中前五种水泥为建筑工程常用的水泥品种，被称为建筑工程"五大水泥"，其主要特性和适用范围参见表2-4。

表 2-4　常用水泥的主要特性和适用范围

品　种	硅酸盐水泥	普通水泥	矿渣水泥	火山灰质水泥	粉煤灰水泥
密度 /(g/cm³)	3.0～3.15	3.0～3.15	2.9～3.1	2.8～3.0	2.8～3.0
表观密度 /(kg/m³)	1000～1600	1000～1600	1000～1200	1000～1200	1000～1200
主要特性	1. 凝结硬化快，早期强度高 2. 水化热高 3. 耐冻性好 4. 耐腐蚀性较差 5. 耐热性较差	1. 早期强度高 2. 水化热高 3. 耐冻性较好 4. 耐热性较差 5. 耐腐蚀性较差	1. 早期强度低，后期强度增长较快 2. 水化热较低 3. 耐热性较好 4. 抗硫酸盐类侵蚀和抗水性较好 5. 抗冻性较差 6. 干缩性较大	1. 抗渗性较好 2. 耐热性较差 其他同矿渣水泥	1. 干缩性较小 2. 抗碳化能力较差 其他同矿渣水泥
通用范围	1. 适用于快硬早强工程 2. 配制高强度混凝土	1. 适用于地上、地下及水中的混凝土，包括受冻融循环的结构及早期强度要求较高的工程 2. 配制建筑砂浆	1. 适用于大体积混凝土 2. 配制耐久热混凝土 3. 适用于蒸汽养护构件 4. 适用于一般地上、地下及水中混凝土工程 5. 配制建筑砂浆	1. 适用于有抗渗要求的混凝土工程 2. 适用于大体积混凝土工程 3. 适用于一般钢筋混凝土工程 4. 配制建筑砂浆	1. 适用于地上、地下及大体积混凝土工程 2. 适用于蒸汽养护的构件 3. 适用于一般钢筋混凝土工程 4. 配制建筑砂浆
不适用范围	1. 不宜用于大体积混凝土工程 2. 不宜用于受化学侵蚀及压力水作用的结构	与硅酸盐水泥相同	1. 不宜用于早期强度要求较高的混凝土工程 2. 不宜用于严寒地区和水位升降范围内的混凝土工程	1. 不宜用于干燥环境的混凝土工程 2. 不宜用于有耐磨性要求的工程 其他同矿渣水泥	不宜用于有抗碳化要求的工程 其他同矿渣水泥

（3）通用硅酸盐水泥的强度等级　硅酸盐水泥的强度等级分为 42.5、42.5R、52.5、52.5R、62.5、62.5R 六个等级。

普通硅酸盐水泥的强度等级分为 42.5、42.5R、52.5、52.5R 四个等级。

矿渣硅酸盐水泥、火山灰质硅酸盐水泥、粉煤灰硅酸盐水泥的强度等级分为 32.5、32.5R、42.5、42.5R、52.5、52.5R 六个等级。

复合硅酸盐水泥的强度等级分为 32.5R、42.5、42.5R、52.5、52.5R 五个等级。

2. 通用硅酸盐水泥的技术要求

通用硅酸盐水泥已发布 GB 175 —2007《通用硅酸盐水泥》国家标准，其技术性能要求如下。

（1）化学指标　通用硅酸盐水泥的化学指标应符合表 2-5 的规定。

表 2-5　通用硅酸盐水泥的化学指标　　　　　　GB 175—2007

品种	代号	不溶物（质量分数）/%	烧失量（质量分数）/%	三氧化硫（质量分数）/%	氧化镁（质量分数）/%	氯离子（质量分数）/%
硅酸盐水泥	P·Ⅰ	≤0.75	≤3.0	≤3.5	≤5.0①	≤0.06③
	P·Ⅱ	≤1.50	≤3.5			
	P·O	—	≤5.0			
矿渣硅酸盐水泥 普通硅酸盐水泥	P·S·A	—	—	≤4.0	≤6.0②	
	P·S·B	—	—			
火山灰质硅酸盐水泥	P·P	—	—	≤3.5	≤6.0②	
粉煤灰硅酸盐水泥	P·F	—	—			
复合硅酸盐水泥	P·C	—	—			

① 如果水泥压蒸试验合格，则水泥中氧化镁的含量（质量分数）允许放宽至 6.0%。
② 如果水泥中氧化镁的含量（质量分数）大于 6.0% 时，需进行水泥压蒸安定性试验并合格。
③ 当有更低要求时，该指标由买卖双方协商确定。

（2）碱含量　碱含量为选择性指标，水泥中的碱含量按 $Na_2O + 0.658K_2O$ 计算值表示，若使用活性骨料，用户要求提供低碱水泥时，水泥中的碱含量应不大于 0.60% 或由买卖双方协商确定。

（3）物理指标

① 凝结时间　硅酸盐水泥初凝不小于 45min，终凝不大于 390min。普通硅酸盐水泥、矿渣硅酸盐水泥、火山灰质硅酸盐水泥、粉煤灰硅酸盐水泥和复合硅酸盐水泥的初凝不小于 45min，终凝不大于 600min。

② 安定性　安定性合格。

③ 强度　不同品种不同强度等级的通用硅酸盐水泥，其各不同龄期的强度应符合表 2-6 的规定。

表 2-6　通用硅酸盐水泥的强度等级要求　　　　GB 175—2007

品　种	强度等级	抗压强度/MPa		抗折强度/MPa	
		3d	28d	3d	28d
硅酸盐水泥	42.5	≥17.0	≥42.5	≥3.5	≥6.5
	42.5R	≥22.0		≥4.0	
	52.5	≥23.0	≥52.5	≥4.0	≥7.0
	52.5R	≥27.0		≥5.0	
	62.5	≥28.0	≥62.5	≥5.0	≥8.0
	62.5R	≥32.0		≥5.5	
普通硅酸盐水泥	42.5	≥17.0	≥42.5	≥3.5	≥6.5
	42.5R	≥22.0		≥4.0	
	52.5	≥23.0	≥52.5	≥4.0	≥7.0
	52.5R	≥27.0		≥5.0	
矿渣硅酸盐水泥 火山灰硅酸盐水泥 粉煤灰硅酸盐水泥 复合硅酸盐水泥	32.5	≥10.0	≥32.5	≥2.5	≥5.5
	32.5R	≥15.0		≥3.5	
	42.5	≥15.0	≥42.5	≥3.5	≥6.5
	42.5R	≥19.0		≥4.0	
	52.5	≥21.0	≥52.5	≥4.0	≥7.0
	52.5R	≥23.0		≥4.5	
复合硅酸盐水泥	32.5R	≥15.0	≥32.5	≥3.5	≥5.5
	42.5	≥15.0	≥42.5	≥3.5	≥6.5
	42.5R	≥19.0		≥4.0	
	52.5	≥21.0	≥52.5	≥4.0	≥7.0
	52.5R	≥23.0		≥4.5	

④ 细度　细度为选择性指标，硅酸盐水泥和普通硅酸盐水泥以比表面积表示，不小于 $300m^2/kg$；矿渣硅酸盐水泥、火山灰质硅酸盐水泥、粉煤灰硅酸盐水泥和复合硅酸盐水泥以筛余表示，$80\mu m$ 方孔筛筛余不大于 10%或 $45\mu m$ 方孔筛筛余不大于 30%。

3. 通用水泥的质量等级

通用水泥系指符合 GB 175—2007《通用硅酸盐水泥》规定的各品种水泥和采用 JC/T 452—2009《通用水泥质量等级》建材行业标准的其他品种的水泥。

水泥质量等级划分为优等品、一等品、合格品。优等品其水泥产品标准必须达到国际先进水平，且水泥实物质量水平与国外同类产品相比达到近 5 年内的先进水平；一等品其水泥产品标准必须达到国际一般水平，且水泥实物质量水平达到国际同类产品的一般水平；合格品则应按我国现行水泥产品标准组织生产，水泥实物质量水平必须达到产品标准的要求。

水泥实物质量在符合相应标准的技术要求基础上，进行实物质量水平的分等，通用水泥的实物质量水平应根据 3d、28d 的抗压强度及终凝时间和氯离子含量进行分等。

通用水泥的实物质量应符合表 2-7 提出的要求。

表 2-7　通用水泥的实物质量　　　　JC/T 452—2009

项　目		质量等级			
		优等品		一等品		合格品
		硅酸盐水泥、普通硅酸盐水泥	矿渣硅酸盐水泥、火山灰质硅酸盐水泥、粉煤灰硅酸盐水泥、复合硅酸盐水泥	硅酸盐水泥、普通硅酸盐水泥	矿渣硅酸盐水泥、火山灰质硅酸盐水泥、粉煤灰硅酸盐水泥、复合硅酸盐水泥	硅酸盐水泥、普通硅酸盐水泥、矿渣硅酸盐水泥、火山灰质硅酸盐水泥、粉煤灰硅酸盐水泥、复合硅酸盐水泥
抗压强度	3d ≥	24.0MPa	22.0MPa	20.0MPa	17.0MPa	符合通用水泥各品种的技术要求
	28d ≥	48.0MPa	48.0MPa	46.0MPa	38.0MPa	
	≤	$1.1\overline{R}$	$1.1\overline{R}$	$1.1\overline{R}$	$1.1\overline{R}$	
终凝时间 /min ≤		300	330	360	420	
氯离子含量/% ≤		0.06				

注：同品种同强度等级水泥 28d 抗压强度上月平均值，至少以 20 个编号平均，不足 20 个编号时，可两个月或三个月合并计算。对于 62.5（含 62.5）以上水泥，28d 抗压强度不大于 $1.1\overline{R}$ 的要求不作规定。

4. 硅酸盐水泥的凝结和硬化

水泥加入适量的水调成水泥浆后，经过一定时间，由于本身的物理化学变化，会逐渐变稠，失去塑性，但尚不具有强度的过程，称之为水泥的"凝结"。随着时间的增加，其强度继续发展提高，并逐渐变成坚硬的石状物质——水泥石，这一过程称为水泥"硬化"。水泥的凝结和硬化实际上是一个连续的复杂的物理化学变化过程，是不能截然分开的。

（1）硅酸盐水泥的水化　水泥加水后，其熟料矿物很快与水发生化学反应，即水化和水解作用，生成一系列新的化合物，并放出一定的热量，其反应如下。

硅酸三钙生成含水硅酸钙，并析出氢氧化钙：

$$2(3CaO \cdot SiO_2) + 6H_2O = 3CaO \cdot 2SiO_2 \cdot 3H_2O + 3Ca(OH)_2$$

硅酸二钙与水作用后也生成含水硅酸钙：

$$2(2CaO \cdot SiO_2) + 4H_2O = 3CaO \cdot 2SiO_2 \cdot 3H_2O + Ca(OH)_2$$

铝酸三钙的水化作用进行极快，生成含水铝酸三钙：

$$3CaO \cdot Al_2O_3 + 6H_2O = 3CaO \cdot Al_2O_3 \cdot 6H_2O$$

铁铝酸四钙的水化反应生成含水铝酸钙及含水铁酸钙：

$$4CaO \cdot Al_2O_3 \cdot Fe_2O + 7H_2O =\!=\!= 3CaO \cdot Al_2O_3 \cdot 6H_2O + CaO \cdot Fe_2O_3 \cdot H_2O$$

另外，为调节水泥的凝结时间，水泥中掺有适量的石膏。所以，部分水化铝酸钙将与石膏作用而生成含水硫铝酸钙，呈针状结晶析出：

$$3CaO \cdot Al_2O_3 \cdot 6H_2O + 3(CaSO_4 \cdot 2H_2O) + 19H_2O =\!=\!=$$
$$3CaO \cdot Al_2O_3 \cdot 3CaSO_4 \cdot 31H_2O$$

综上所述，硅酸盐水泥与水作用后，生成的主要水化物有：水化硅酸盐和水化铁酸钙凝胶、氢氧化钙、水化铝酸钙和水化硫铝酸钙晶体。这些水化产物就决定了水泥石的一系列特性。

（2）硅酸盐水泥的凝结硬化过程　当水泥加水拌和后，在水泥颗粒表面立即发生水化反应，水化产物溶于水中，接着水泥颗粒又暴露出新的一层表面，继续与水反应，如此不断，就使水泥颗粒周围的溶液很快成为水化产物的饱和溶液。在溶液已达饱和后，水泥继续水化生成的产物就不能再溶解，就有许多细小分散状态的颗粒析出，形成凝胶体，随着水化作用继续进行，新生胶粒不断增加，游离水分不断减少，使凝胶体逐渐变浓，水泥浆逐渐失去塑性，即出现凝结现象。此后，凝胶体中的氢氧化钙和含水铝酸钙将逐渐转变为结晶，贯穿于凝胶体中，紧密结合起来，形成具有一定强度的水泥石。随着硬化时间（龄期）的延续，水泥颗粒内部未水化部分将继续水化，使晶体逐渐增多，凝胶体逐渐密实，水泥石就具有越来越高的胶结力和强度。另外，当水泥在空气中凝结硬化时，其表层水化形成的氢氧化钙与空气中的二氧化碳作用，生成碳酸钙（$CaCO_3$）薄层，称为碳化。

通过上述过程可以看出，水泥的水化反应是从颗粒表面逐渐深入到内层的，开始进行较快，随后，由于水泥颗粒表层生成了凝胶膜，其水分的渗入也就越来越困难，水化作用也就越来越慢。实践证实若完成水泥的水化和水解作用的全过程，需要几年甚至几十年的时间。一般水泥在开始的 3～7d 内，水化、水解速度快，所以其强度增长亦较快，大致在 28d 内可以完成这个过程的基本部分，以后则显著减缓。

三、铝酸盐水泥

铝酸盐水泥是指由铝酸盐水泥熟料磨细制成的一类水硬性胶凝材料，其代号为 CA。在磨制 CA70 水泥和 CA80 水泥时可掺加适量的 α-Al_2O_3 粉。铝酸盐水泥熟料是指以钙质和铝质材料为主要原料，按适当比例配制成生料，煅烧至完全或部分熔融，并经冷却得到以铝酸钙为主要矿物组成的产物。铝酸盐水泥现已发布了 GB/T 201—2015《铝酸盐水泥》国家标准。

1. 铝酸盐水泥的分类

按照铝酸盐水泥中 Al_2O_3 含量（质量分数）的不同，可分为 CA50、CA60、

CA70 和 CA80 四个品种，各品种作如下规定。

（1）CA50　$50\% \leqslant w(Al_2O_3) < 60\%$，该品种根据强度分为 CA50-Ⅰ、CA50-Ⅱ、CA50-Ⅲ、CA50-Ⅳ；

（2）CA60　$60\% \leqslant w(Al_2O_3) < 68\%$，该品种根据主要矿物组成分为 CA60-Ⅰ（以铝酸一钙为主）和 CA60-Ⅱ（以铝酸二钙为主）；

（3）CA70　$68\% \leqslant w(Al_2O_3) < 77\%$；

（4）CA80　$w(Al_2O_3) \geqslant 77\%$。

2. 铝酸盐水泥的技术要求

（1）铝酸盐水泥材料　α-Al_2O_3 粉应符合 YS/T 89—2011《煅烧 α 型氧化铝》行业标准的规定。

（2）铝酸盐水泥的技术要求

1）铝酸盐水泥的化学成分以质量分数计，数值以％表示，其指标应符合表 2-8 的规定。

表 2-8　铝酸盐水泥的化学成分　　　　　　　　GB/T 201—2015

类型	Al_2O_3 含量/%	SiO_2 含量/%	Fe_2O_3 含量/%	碱含量$[w(Na_2O)+0.658w(K_2O)]$/%	S(全硫)含量/%	Cl^- 含量/%
CA50	≥50 且<60	≤9.0	≤3.0	≤0.50	≤0.2	
CA60	≥60 且<68	≤5.0	≤2.0			≤0.06
CA70	≥68 且<77	≤1.0	≤0.7	≤0.40	≤0.1	
CA80	≥77	≤0.5	≤0.5			

2）铝酸盐水泥的物理性能。①细度：比表面积不小于 $300m^2/kg$ 或 $45\mu m$ 筛余不大于 20％。有争议时以比表面积为准。②水泥胶砂凝结时间：水泥胶砂凝结时间应符合表 2-9 的规定。③强度：各类型铝酸盐水泥各龄期强度指标应符合表 2-10 的规定。

表 2-9　水泥胶砂凝结时间　　　　　　　　GB/T 201—2015

类型		初凝时间/min	终凝时间/min
CA50		≥30	≤360
CA60	CA60－Ⅰ	≥30	≤360
	CA60－Ⅱ	≥60	≤1080
CA70		≥30	≤360
CA80		≥30	≤360

表 2-10　水泥胶砂强度　　　　　　GB/T 201—2015

类型		抗压强度/MPa				抗折强度/MPa			
		6h	1d	3d	28d	6h	1d	3d	28d
CA50	CA50－Ⅰ	≥20①	≥40	≥50	—	≥3①	≥5.5	≥6.5	—
	CA50－Ⅱ		≥50	≥60	—		≥6.5	≥7.5	—
	CA50－Ⅲ		≥60	≥70	—		≥7.5	≥8.5	—
	CA50－Ⅳ		≥70	≥80	—		≥8.5	≥9.5	—
CA60	CA60－Ⅰ	—	≥65	≥85	—	—	≥7.0	≥10.0	—
	CA60－Ⅱ	—	≥20	≥45	≥85	—	≥2.5	≥5.0	≥10.0
CA70		—	≥30	≥40	—	—	≥5.0	≥6.0	—
CA80		—	≥25	≥30	—	—	≥4.0	≥5.0	—

① 用户要求时，生产厂家应提供试验结果。

3）铝酸盐水泥的耐火度（选择性指标）：如用户有耐火度要求时，水泥的耐火度由买卖双方商定。

3. 铝酸盐水泥的主要特性

铝酸盐水泥属于早强型水泥，其 1d 的强度可达到 3d 强度的 80％以上，其 3d 的强度便可达普通硅酸盐水泥 28d 强度的水平，后期强度的增长不显著，铝酸盐水泥主要用于工期紧急（如筑路、筑桥）的工程、抢修工程（如堵漏）以及冬期施工的工程。铝酸盐水泥也可以用来配制水泥基渗透结晶型防水涂料产品。

铝酸盐水泥的水化热大，与一般高强度硅酸盐水泥大致相同，但其放热速度特别快，且放热量集中。1d 内即可放出水化热总量的 70％～80％。耐高温性好，可用于 1000℃以下的耐热构筑物，耐硫酸盐腐蚀性强，抗腐蚀性高于抗硫酸盐水泥。

铝酸盐水泥由于在普通硬化后的水泥中不含有铝酸三钙，不析出游离的氢氧化钙，而且硬化后结构致密，因此对矿物水的侵蚀作用也具有很好的抵抗性。

铝酸盐水泥可分为耐火铝酸盐水泥和建筑用铝酸盐水泥两大类别，每个类别还可再分若干品种，详见图 2-1。

4. 铝酸盐水泥的水化和硬化

铝酸盐水泥的水化作用，主要是铝酸一钙的水化过程，其水化反应随温度的不同而不同，当温度<20℃时，其主要水化产物为 $CaO \cdot Al_2O_3 \cdot 10H_2O$；当温度在 20～30℃时，主要水化产物为 $2CaO \cdot Al_2O_3 \cdot 8H_2O$；当温度>30℃时，主要水化产物为 $3CaO \cdot Al_2O_3 \cdot 6H_2O$。

铝酸盐水泥中的 CA_2 的水化与 CA 基本相同，但水化速度较慢，$C_{12}A_7$ 的水化反应很快，也生成 C_2AH_8。而 C_2AS 与水作用则极为微弱，可视为惰性矿物，

少量的 C_2S 则生成水化硅酸钙凝胶。

水化物 CAH_{10} 或 C_2AH_8 为针状或片状晶体，互相结合成坚固的结晶连生体，形成晶体骨架。同时所生成的氢氧化铝凝胶填塞于骨架空间，形成比较致密的结构，因此使水泥初期强度能得到迅速的增长，而以后强度增长不显著。

CAH_{10} 和 C_2AH_8 随着时间延长逐渐转化为比较稳定的 C_3AH_6，这个转化过程随着环境温度的上升而加速，晶体转化的结果为，游离水从水泥石内析出，使孔隙增大，同时转化生成物 C_3AH_6 本身强度较低，晶体间的结合差，因而使水泥石的强度大为下降，晶体的转化会引起强度长期下降，特别是在湿热环境中，强度降低显著（后期强度可能比最高强度值降低 40％以上）。但只要正确使用，慎重对待，采取一定措施，就能在一定程度上改善其不良性质。如在水泥中掺加石膏或无水石膏，减小水灰比，降低养护温度等措施。

四、硫铝酸盐水泥及快硬硫铝酸盐水泥

（一）硫铝酸盐水泥

硫铝酸盐水泥是以适当成分的生料经煅烧所得的以无水硫铝酸钙和硅酸二钙为主要矿物成分的水泥熟料掺加不同量的石灰石，适量石膏共同磨细制成的一类水硬性胶凝材料。硫铝酸盐水泥包括快硬硫铝酸盐水泥、低碱度硫铝酸盐水泥和自应力硫铝酸盐水泥等品种。

由适当成分的硫铝酸盐水泥熟料和少量石灰石（其掺加量应不大于水泥质量的 15％）、适量石膏共同磨细制成的，具有高早期强度的一类水硬性胶凝材料称之为快硬硫铝酸盐水泥，其代号为 R·SAC。其 3d 抗压强度分为 42.5、52.5、62.5、72.5 四个强度等级。

由适当成分的硫铝酸盐水泥熟料和较多量石灰石（其掺加量应不小于水泥质量的 15％，且不大于水泥质量的 35％）、适量石膏共同磨细制成的，具有碱度低的一类水硬性胶凝材料，称之为低碱度硫铝酸盐水泥，其代号为 L·SAC。其 7d 抗压强度分为 32.5、42.5、52.5 三个强度等级。低碱度硫铝酸盐水泥主要用于制作玻璃纤维增强水泥制品，当其用于配制有钢纤维、钢筋、钢丝网、钢埋件等混凝土制品和结构时，所采用的钢材应为不锈钢。

由适当成分的硫铝酸盐水泥熟料加入适量石膏磨细制成的具有膨胀性的一类水硬性胶凝材料，称之为自应力硫铝酸盐水泥，其代号为 S·SAC。自应力硫铝酸盐水泥 28d 自应力分为 3.0、3.5、4.0、4.5 四个自应力等级。

硫铝酸盐水泥现已发布了 GB 20472—2006《硫铝酸盐水泥》国家标准。硫铝酸盐水泥的物理性能要求如下：

（1）硫铝酸盐水泥的物理性能、碱度和碱含量应符合表 2-11 的规定。

表 2-11　硫铝酸盐水泥的技术要求　　　　　GB 20472—2006

项目			指标		
			快硬硫铝酸盐水泥	低碱度硫铝酸盐水泥	自应力硫铝酸盐水泥
比表面积/(m²/kg)		≥	350	400	370
凝结时间①/min	初凝	≥	25		40
	终凝	≤	180		240
碱度 pH 值		≤	—	10.5	—
28d 自由膨胀率/%			—	0.00～0.15	—
自由膨胀率/%	7d	≤	—	—	1.30
	28d	≤	—	—	1.75
水泥中的碱含量(Na₂O+0.658×K₂O)/%		<			0.50
28d 自应力增进率/(MPa/d)		≤	—	—	0.010

① 用户要求时，可以变动。

（2）快硬硫铝酸盐水泥各强度等级水泥应不低于表 2-12 的数值；低碱度硫铝酸盐水泥各强度等级水泥应不低于表 2-13 的数值；自应力硫铝酸盐水泥所有自应力等级的水泥抗压强度 7d 不小于 32.5MPa，28d 不小于 42.5MPa。

表 2-12　快硬硫铝酸盐水泥的抗压强度和抗折强度

强度等级	抗压强度/MPa			抗折强度/MPa		
	1d	3d	28d	1d	3d	28d
42.5	30.0	42.5	45.0	6.0	6.5	7.0
52.5	40.0	52.5	55.0	6.5	7.0	7.5
62.5	50.0	62.5	65.0	7.0	7.5	8.0
72.5	55.0	72.5	75.0	7.5	8.0	8.5

表 2-13　低碱度硫铝酸盐水泥的抗压强度和抗折强度

强度等级	抗压强度/MPa		抗折强度/MPa	
	1d	7d	1d	7d
32.5	25.0	32.5	3.5	5.0
42.5	30.0	42.5	4.0	5.5
52.5	40.0	52.5	4.5	6.0

（3）自应力硫铝酸盐水泥各级别各龄期自应力值应符合表 2-14 的要求。

表 2-14　自应力硫铝酸盐水泥各级别各龄期自应力值　　　单位：MPa

级别	7d	28d	
	≥	≥	≤
3.0	2.0	3.0	4.0
3.5	2.5	3.5	4.5
4.0	3.0	4.0	5.0
4.5	3.5	4.5	5.5

硫铝酸盐水泥可应用于要求快硬、早强的水泥砂浆中，如硫铝酸盐水泥可应用于快凝的工程修补干粉砂浆、冬季施工用干粉砂浆、地面工程用干粉砂浆以及适用于堵漏工程用的砂浆等。

硫铝酸盐水泥在5℃能正常硬化，由于其不含C_3A矿物，并且水泥石致密度高，所以其抗硫酸盐性良好，水泥石在空气中收缩小，抗冻和抗渗性能良好，水泥石液相的pH值为9.8～10.2，属于低碱型水泥。由于硫铝酸盐水泥的水泥液相碱度较小，故其可与耐碱性较低的纤维（如玻璃纤维）相混合。

硫铝酸盐水泥早期强度发展快，后期强度发展缓慢，但不倒缩。采用硫铝酸盐水泥配制而成的干粉砂浆也有同样的规律。硫铝酸盐水泥的凝结时间较快，初凝与终凝的间隔时间亦较短。

（二）快硬硫铝酸盐水泥

快硬硫铝酸盐水泥是以$3CaO \cdot 3Al_2O_3 \cdot CaSO_4$（简写为$C_4A_3S$）和$2CaO \cdot SiO_2$（简写为$C_2S$）为主要矿物组成的一类新品种水泥。

自20世纪50年代起，人们开始逐渐认识和研究C_4A_3S及硫铝酸盐水泥。P. E. Halstead等用C_4A_3S制造了水泥膨胀剂；1975年，W. A. Borje获得了关于以C_4A_3S和C_2S为主要组成的超早强水泥的专利；福永敏宏获得了用C_4A_3S和$C_2A_7 \cdot CaF_2$结合起来的超早强水泥的专利。至此，硫铝酸盐水泥和以此为基础的膨胀水泥、自应力水泥在世界范围内得到了长足的发展。

由于硫铝酸盐水泥具有早期强度高、收缩小、抗冻和抗渗性能好等优点，已广泛地应用于水泥制品、抢修工程、防渗及负温工程，关于该体系水泥的理论和生产技术的研究也逐步走向深入。

硫铝酸盐水泥加水拌和时，将迅速发生水化反应，一般认为，其主要水化产物为钙矾石（$3CaO \cdot Al_2O_3 \cdot 3CaSO_4 \cdot 32H_2O$）、水化氧化铝凝胶（$Al_2O_3 \cdot 3H_2O$）和水化硅酸钙凝胶（C—S—H凝胶）。

快硬硫铝酸水泥早期强度高，密度较硅酸盐水泥高得多，初凝25～50min，终凝40～180min，水化热190～210kJ/kg。

硫铝酸盐水泥的两个独特特点是负温硬化和碱度低，在低温（-25～-15℃）下，仍可水化硬化，这对加速模板周转或冬季施工的各种混凝土制品和现浇混凝土工程有重要意义，对水泥基渗透结晶型防水材料产品在使用时的早期强度上也能起到很好的作用。

快硬硫铝酸盐水泥主要特性如下：

（1）早期强度高，在标准条件下快硬硫铝酸盐水泥1d胶砂抗压强度相当于同标号硅酸盐水泥7d强度，3d抗压强度相当于硅酸盐水泥28d的强度。

（2）微膨胀与低收缩性能好，快硬硫铝酸盐水泥在水中养护，体积有微量膨胀，但膨胀产生在14d以前，以后膨胀基本消失，体积保持稳定。在空气中仍有收缩，但收缩率很小，与硅酸盐水泥相比，4个月的干缩率仅为1/3。因具有以上性能，用快硬硫铝酸盐水配制的混凝土有良好的抗裂性和抗渗性能，是理想的抗渗和接头接缝的材料。

（3）低碱性，快硬硫铝酸盐水泥水化介质碱度较低，其pH＝10.5～11.5。由于碱度低，所以对配有钢筋混凝土中的钢筋锈蚀影响不大。

（4）抗冻性和抗渗性能好。该水泥耐低温性能较好，特别是用它配制的砂浆或混凝土立即受冻后，再恢复正常养护，最终强度基本不降。在－5℃以下时，不必采取任何特殊措施就可以正常施工。抗渗性能好，经过试验加压至3MPa的试件没有出现渗漏。

（5）长期强度的稳定性，经过6年的强度数据表明，快硬硫铝酸盐水泥的强度不但无回缩现象，反应还有一定幅度的增长。

第二节　石英砂和硅砂

一般而言，二氧化硅含量在98.5%以上者称之为石英石，二氧化硅含量在98.5%以下者称之为硅石。石英石经破碎加工而成的石英颗粒称之为石英砂，其分精制、半精制、普通三种；硅石经破碎加工而成的颗粒称之为硅砂，其细度也分三种。石英砂其颜色呈乳白色，硅砂颜色略有泛黄。

一、石英砂（粉）

石英砂（粉）是由天然石英石或硅藻石除去杂质后，经湿磨或干磨、水漂或风漂而制成的粉状物料。其主要成分为 SiO_2，系结晶型粉末。其结构为三方晶系，常呈六方柱和六方双锥形晶体。其性能较稳定、耐酸、耐磨，吸油量小，不溶于酸，但能溶于碳酸钠中。其缺点是不易研磨，容易沉底。常在耐酸和耐磨涂料中作为填料使用。主要技术性能指标如下：

外观	白色或灰色粉末
水分	≤0.5%
吸油量	15%～25%
二氧化硅（SiO_2）含量	≥98.5%

石英砂（粉）的主要成分是 SiO_2，在水泥基渗透结晶型防水涂料中使用的作用与普通混凝土砂浆中加砂有相似之处。石英砂与石英粉两者虽说从主体成分上看差不多，但在水泥基渗透结晶型防水涂料中的使用是有区别的。一般来说，生产厂家用的都是经过严格筛选的石英砂，并且在砂粒细度级配上有较高的要求，以保证浆料成膜后的抗折、抗压强度。在能够达到细度要求的情况下，选用石英砂要比石英粉好。

石英砂的化学成分及粒度分布见表 2-15。

表 2-15　石英砂的化学成分及粒度分布

成分、粒度分布/型号		HS-10	HS-20	HS-40	HS-200
化学成分	SiO/％	99.95	99.95	99.95	99.95
	Al/(mg/kg)	30	30	30	40
	Fe/(mg/kg)	3	3	3	5
	Ca/(mg/kg)	1	1.5	3	5
	Mg/(mg/kg)	0.5	0.5	1	1.5
	Na/(mg/kg)	3	3	5	10
	Ti/(mg/kg)	1	1	1.5	2
	K/(mg/kg)	5	5	5	10
	Li/(mg/kg)	0.2	0.2	0.2	0.2
粒度分布	3000～2000μm/％	2	—	—	—
	2000～1000μm/％	90	1	—	—
	1000～450μm/％	8	92	1.5	—
	450～180μm/％	—	7	93	6
	180～75μm/％	—	—	5.5	85
	75μm/％	—	—	—	9

二、硅砂

（一）硅砂的矿石类型

我国开采应用的天然硅砂主要有两种类型：一种是滨海沉积石英砂，包括滨海沉积矿和滨海河口相沉积矿；另一种是陆相沉积砂矿，包括河流冲积含黏土质石英砂矿和湖积石英砂矿。

海砂矿物组成较简单，一般质量较好。主要矿物为石英（占 90％～95％），另含少量长石（占 0～10％）及重矿物和岩屑。少部分矿区含有黏土类矿物。

河流冲积含黏土质砂矿中主要矿物石英含量变化较大，多含黏土类矿物，其次为长石、云母、铁及其他重矿物。湖积砂矿中主要矿物为石英，另含长石、岩屑、石榴石及少量铁矿物和其他重矿物等。

（二）硅砂的矿物性质

硅砂是以石英为主要成分的砂矿的总称。以天然颗粒状态从地表或地层中产出的硅砂，以及石英岩、石英砂岩风化后呈粒状产出的砂矿称为"天然硅砂"（或简称"硅砂"）。与此对应，将块状石英岩、石英砂岩粉碎成粒状则称"人造硅砂"。硅砂主成分石英的矿物性质见表 2-16。

表 2-16   硅砂主成分石英的矿物性质表

分子式	物理性质		外观性质		化学性质
	相对密度	莫氏硬度	形　状	颜　色	
SiO$_2$	2.65	7	滚圆、次圆、棱角等颗粒状	无色、白色或其他颜色	化学稳定、耐高温、耐酸(除 HF)

（三）硅砂的主要用途

天然硅砂是一种重要的工业矿物原料。其用途基本同于石英砂岩。对于优质天然硅砂，因其富含 SiO$_2$，而且加工过程中不需要破碎磨矿，具有天然的滚圆粒形和均匀的粒度，因此被广泛地应用于玻璃、铸造、研磨、冶金、化工、陶瓷及其他工业部门。对于一般的天然海砂、河砂、山砂，用量最大的则是在各种工业与民用房屋、建筑物中作为混凝土、钢筋混凝土和预应力凝土中的细骨料。

第三节　添　加　剂

水泥基渗透结晶型防水材料所采用的添加剂主要有催化剂、减水剂、缓凝剂、速凝剂、早强剂、膨胀剂、消泡剂、纤维素醚、可再分散乳胶粉、聚乙烯醇胶粉（PVA）等。

一、催化剂

催化剂是水泥基渗透结晶型防水材料产品的精髓所在，是产品独特性能的灵魂。各生产厂家的产品，在质量性能、技术指标等方面的不同，绝大部分原因源于对此物是否正确规范的使用。市场上出现的假冒伪劣产品，之所以在质量上与价格上和真正的水泥基渗透结晶型防水材料不可同日而语，原因也在于此。

在水泥基渗透结晶型防水材料产品介绍中，通常称此催化剂为"特殊的活性化学物质"。由于在很长一般时间内，国内多家建筑材料研究开发机构，都未能在真正意义上研制成功这类催化剂，所以人们又将此俗称为"进口母料"。

一般混凝土工程的使用年限为 50～100 年，不少工程在使用 10～20 年后，有的甚至不足 10 年，即需要维修。用普通水泥混凝土所完成的工程不能满足耐久性（超耐久）要求的根本原因，在于混凝土本身的内部结构。

首先，为满足混凝土施工工作性要求，即用水量大、水灰比高，因而导致混凝土的孔隙率很高，占水泥石总体积的 25%～40%。特别是其中毛细孔占相当大部分，毛细孔是水分、各种侵蚀介质、氧气、二氧化碳及其他有害物质进入混凝土内部的通道，引起混凝土耐久性的不足。

其次，水泥石中的水化物稳定性不足。波特兰水泥水化后的主要化合物是碱度较高的高碱性水化硅酸钙、水化铝酸钙、水化硫铝酸钙。此外，在水化物中还有数量很大的游离石灰，它的强度极低，稳定性极差，在侵蚀条件下，是首先遭到侵蚀的部分。要大幅度提高混凝土的耐久性，就必须减少或消除这些稳定性低的组分，特别是游离石灰。

要提高混凝土的耐久性，必须降低混凝土的孔隙率，特别是毛细管孔隙率，最主要的方法是降低混凝土的拌和用水量。但是如果纯粹的降低用水量，混凝土的工作性将随之降低，又会导致捣实成型工作困难，同样造成混凝土结构不致密，甚至出现蜂窝等宏观缺陷，不但混凝土强度降低，而且混凝土的耐久性也同时降低，目前减少孔隙率的途径往往是掺入高效减水剂，但依然未能从根本上解决问题。

水泥基渗透结晶型防水材料的工作原理是以水为载体，通过表层水对结构内部的侵蚀，被带入了结构内部孔缝中，并在结构孔缝中吸水膨大，由疏至密，有效降低了混凝土的孔隙率，特别是毛细管孔隙率，逐渐形成了一个个抗渗区域，大大提高了结构整体的抗渗能力。正如某生产厂家所宣传的，普通防水材料往往治标不治本，尤其是防水卷材类产品，只是给伤风感冒的病体披了件防水防寒的外衣，但仅仅这样是不够的，必须辅之以药物治疗，而水泥基渗透结晶型防水材料则是通过修补身体内部的缺陷，提高自身防疫能力，来达到预防疾病的目的，这是完全不同的两种防水概念。

水泥基渗透结晶型防水材料中的催化剂，所起的作用就是在水的作用下，与混凝土中的游离氧化钙交互反应生成不溶于水的硫铝酸钙结晶物，而且这种交互反应在有水的环境下不断地在进行着，又通过表层毛孔向结构内部渗透。由于这种被钙化了的结晶物质很容易与混凝土中的 C—S—H 凝胶团相结合，从而也就更进一步加强了结构的密实度，也增强了结构自身的抗渗能力。

由于水泥基渗透结晶型防水材料产品中使用的催化剂与普通催化剂产品有所不同，国外供货商在提供产品的同时，并不提供催化剂的原始配方和产品性能指标，所提供的往往是水泥基渗透结晶型防水材料成品在抗渗试验过程中的报告的照片或有关证书，而国内研制单位在宣布初步研制成功的资料中，也并未明确"催化剂"（特殊的活性化学物质）究竟为何物。但这对生产厂家而言，在购买催化剂及其他助剂，采购水泥及硅砂，组织生产，制作成品方面并不构成任何影响。

二、减水剂

减水剂又称分散剂或塑化剂，是一类能够减少混凝土中必要单位用水量的，并能够满足规定稠度要求的，提高混凝土和易性的外加剂。

1. 减水剂的分类、技术性能要求

减水剂是混凝土外加剂中最重要的类型之一。其品种众多，分类方法亦有多种：①按其减水率大小的不同，可分为普通减水剂（以木质素磺酸盐类为代表）、高效减水剂（包括萘系、密胺系、氨基磺酸盐系、脂肪族系等）和高性能减水剂（以聚羧酸系高性能减水剂为代表）；②按其引气量的不同，可分为引气减水剂和非引气减水剂；③按其对凝结时间及早期强度的影响不同，可分为早强型减水剂、标准型减水剂和缓凝型减水剂；④按其采用的原材料以及化学成分的不同，可分为木质素磺酸盐类减水剂、糖蜜类减水剂、聚烷基芳基磺酸盐类减水剂、磺化三聚氰胺甲醛树脂磺酸盐类减水剂和腐殖酸类减水剂等。

普通减水剂是指在混凝土坍落度基本相同的条件下，能减少拌和用水量不小于8％的一类外加剂。普通外加剂的主要成分为木质素磺酸盐，通常由亚硫酸盐法生产纸浆的副产品制得，常用的有木钙、木钠和木镁。其具有一定的缓凝、减水和引气作用。以其为原料，加入不同类型的调凝剂，则可制得不同类型的减水剂，如早强型减水剂、标准型减水剂和缓凝型减水剂。

高效减水剂不同于普通减水剂，其具有较高的减水率、较低引气量，是我国使用量大、面广的外加剂品种。目前我国使用的高效减水剂品种较多，主要有下列几种：萘系减水剂、氨基磺酸盐系减水剂、脂肪族（醛酮缩合物）减水剂、密胺系及改性密胺系减水剂、蒽系减水剂、洗油系减水剂等。缓凝型高效减水剂是以上述各种高效减水剂为主要组分，再复合各种适量的缓凝组分或其他功能性组分而成的一类外加剂。高效减水剂具有高减水率、大流动性、早强等特点，在配制早强混凝土、流态混凝土、防水混凝土、道路、桥梁、港口及水土混凝土、管柱混凝土、油田固井等方面均有广泛应用。

高性能减水剂是国内外近年来开发的新型外加剂品种，目前主要为聚羧酸盐类产品。其具有"梳状"的结构特点，有带有游离的羧酸阴离子团的主链和聚氧乙烯基侧链组成，采用改变单体的种类、比例和反应条件，则可生产出具有各种不同性能和特性的高性能减水剂。早强型、标准型和缓凝型高性能减水剂则可由分子设计引入不同功能团而生产，也可掺入不同组分复配而成。其主要特点如下：①掺量低（按照固体含量计算，一般为胶凝材料质量的0.15％～0.25％），减水率高；②混凝土拌合物工作性及工作性保持性较好；③外加剂中氯离子和碱含量较低；④用其配制的混凝土收缩率较小，可改善混凝土的体积稳定性和耐久性；⑤对水泥的适应性较好；⑥生产和使用过程中不污染环境，是环保型的外加剂。

GB 8076—2008《混凝土外加剂》国家标准对减水剂提出的技术性能要求如下：①掺外加剂混凝土的性能应符合表2-17的要求；②均质性指标应符合表2-18的要求。

表2-17　掺外加剂混凝土性能指标　GB 8076—2008

项目	高性能减水剂 HPWR			高效减水剂 HWR		普通减水剂 WR			引气减水剂 AEWR	泵送剂 PA	早强剂 Ac	缓凝剂 Re	引气剂 AE
	早强型 HPWR-A	标准型 HPWR-S	缓凝型 HPWR-R	标准型 HWR-S	缓凝型 HWR-R	早强型 WR-A	标准型 WR-S	缓凝型 WR-R					
减水率/% ≥	25	25	25	14	14	8	8	8	10	12	—	—	6
泌水率比/% ≤	50	60	70	90	100	95	100	100	70	70	100	100	70
含气量/%	≤6.0	≤6.0	≤6.0	≤3.0	≤4.5	≤4.0	≤4.0	≤5.5	≥3.0	≤5.5	—	—	≥3.0
凝结时间之差/min 初凝 终凝	−90~+90	−90~+120	>+90	−90~+120	>+90	−90~+90	−90~+120	>+90	−90~+120	—	−90~+90	>+90	−90~+120
1h经时变化量 坍落度/mm	—	≤80	≤80	—	—	—	—	—	—	≤80	—	—	—
1h经时变化量 含气量/%	—	—	—	—	—	—	—	—	−1.5~+1.5	—	—	—	−1.5~+1.5
抗压强度比/% ≥ 1d	180	170	—	140	—	135	—	—	—	—	135	—	—
抗压强度比/% ≥ 3d	170	160	—	130	—	130	115	—	115	—	130	—	95
抗压强度比/% ≥ 7d	145	150	140	125	125	110	115	110	110	115	110	100	95
抗压强度比/% ≥ 28d	130	140	130	120	120	100	110	110	100	110	100	100	90
收缩率比/% ≤ 28d	110	110	110	135	135	135	135	135	135	135	135	135	135
相对耐久性（200次）/% ≥	—	—	—	—	—	—	—	—	80	—	—	—	80

注：1. 表2-17中，抗压强度比、收缩率比、相对耐久性为强制性指标，其余为推荐性指标。
2. 除含气量和相对耐久性外，表中所列数据为掺外加剂混凝土与基准混凝土的差值或比值。
3. 凝结时间之差性能指标中的"−"号表示提前，"+"号表示延缓。
4. 相对耐久性（200次）性能指标中的"≥80"表示将28d龄期的受检混凝土试件快速冻融循环200次后，动弹性模量保留值≥80%。
5. 1h含气量经时变化量中的"−"号表示含气量增加，"+"号表示含气量减少。
6. 其他品种的外加剂是否需要测定相对耐久性指标，由供需双方协商确定。
7. 当用户对采送剂等产品有特殊要求时，需要进行的补充试验项目，试验方法及指标，由供需双方协商决定。

表 2-18　均质性指标　　　　　　　　　　　GB 8076—2008

项目	指标
氯离子含量/%	不超过生产厂控制值
总碱量/%	不超过生产厂控制值
含固量 S/%	$S > 25\%$时,应控制在 $0.95S \sim 1.05S$ $S \leqslant 25\%$时,应控制在 $0.90S \sim 1.10S$
含水率 W/%	$W > 5\%$时,应控制在 $0.90W \sim 1.10W$ $W \leqslant 5\%$时,应控制在 $0.80W \sim 1.20W$
密度 D/(g/cm³)	$D > 1.1$时,应控制在 $D \pm 0.03$ $D \leqslant 1.1$时,应控制在 $D \pm 0.02$
细度	应在生产厂控制范围内
pH 值	应在生产厂控制范围内
硫酸钠含量/%	不超过生产厂控制值

注：1. 生产厂应在相关的技术资料中明示产品匀质性指标的控制值。
2. 对相同和不同批次之间的匀质性和等效性的其他要求,可由供需双方商定。
3. 表中的 S、W 和 D 分别含固量、含水率和密度的生产厂控制值。

2. 减水剂的作用

减水剂的主要作用有以下几个方面：增加水化效率，减少单位用水量，增加强度，节省水泥用量；改善尚未凝固的混凝土的和易性，防止混凝土成分的离析；提高抗渗性，减少透水性，避免混凝土建筑结构漏水，增加耐久性；增加耐化学腐蚀性能；减少混凝土凝固的收缩率，防止混凝土构件产生裂纹；提高抗冻性，有利于冬季施工。

混凝土硬化后孔隙率和孔径的大小，是混凝土质量好坏和防水性能优劣的重要特征。而对混凝土孔隙率和孔径的大小，混凝土结构的密实性和防渗性能起决定作用的是混凝土拌合物的水灰比。因为混凝土的渗透系数是随着水灰比的增加而迅速增加的，当水灰比从 0.4 增加到 0.7 时，其渗透系数即增大 100 倍以上，而减水剂对水泥具有强烈的分散作用，它借助于极性吸附作用，可大大降低水泥颗粒间的吸引力，有效地阻碍和破坏颗粒间的凝絮作用，并释放出凝絮体中的水，从而提高了混凝土的和易性。所以可以大大降低拌和用水量，亦即可降低水灰比，使硬化后混凝土的毛细孔隙结构的分布情况得到改变，孔径和总孔率都显著减少，提高混凝土的密实性和抗渗性能。减水剂还可以使水泥水化热峰值推迟出现，这样就可以减少或避免在大体积混凝土取得一定强度前因温度应力而开裂，从而提高大体积混凝土的防水效果。

混凝土加水拌和后，水泥粒子间的凝聚力大于润湿水泥颗粒表面张力，水泥浆体形成多颗粒凝聚体，缩小了水泥接触水的面积，影响水泥的水化深度。只有很少一部分拌和水被水泥颗粒吸附，在水泥颗粒表面形成水化层，另一部分拌和水被水泥凝聚体包裹起来，其余大部分拌和水则呈游离状态，游离水蒸发后使混凝土产生孔隙。

减水剂是一种阴离子表面活性剂，就是分子中具有亲水和憎水两个基团的有机化合物，加入水溶液以后，这些化合物能降低水的表面张力和界面张力，起表面活性作用。这些物质吸附于水泥颗粒表面使水泥颗粒带电，颗粒间由于带相同电荷而互相排斥，水泥被分散，呈悬浮状态，从而释放出被水泥凝聚团中包裹的多余水。

减水剂掺入到混凝土内混合之后，水泥水化速度就加快，水化充分，能够在保持混凝土工作性能相同情况下，显著地减少拌和用水，降低混凝土的水灰比，使水泥石结晶致密强度提高。

掺有减水剂的混凝土，改善了和易性，大幅度减少拌和水，使混凝土的孔隙率减少，混凝土的密实度增加，提高了混凝土结构的抗渗性和耐久性，达到防水的效果。

3. 减水剂的用途及掺量

减水剂具有减水、增强、引气、缓凝等综合效应，可用于一般混凝土工程。宜用于日最低气温5℃以上施工的混凝土，不宜单独用于蒸养混凝土。适用于水利、港口、交通、工业与民用建筑的现浇和预制的混凝土和钢筋混凝土工程、大体积混凝土、大坝混凝土、泵送混凝土、大模板、滑模施工用混凝土及防水混凝土等。可节约水泥，改善工艺性能，降低水泥早期水化热及提高混凝土质量。

低温养护时，木钙减水剂混凝土7d前的强度增加率较为缓慢，仅为不掺减水剂混凝土强度的70%～80%，但7d后强度增长率仍继续上升。因此，有早强要求的混凝土应考虑温度影响，而不宜单独使用木钙减水剂。木钙减水剂的引气量较大，并具有缓凝性，混凝土浇筑后需要较长时间才能形成一定的结构强度，所以用于蒸养混凝土必须延长静停时间或减少掺量，否则蒸养后混凝土容易产生微裂缝、表面酥松、起鼓及膨胀等质量问题。

减水剂的用途是随着不同类型减水剂不同的功能而有所区别的，其用途详见图2-2。

不同类型的减水剂其掺加量也是不同的，以木钙减水剂为例，其适宜的掺量为水泥质量的0.25%～0.3%，在此范围内，其减水率及强度增长率都最高，若超过此范围其提高幅度则下降。当掺量达到0.5%时，其强度与不掺减水剂时的强度接近。当掺量大于0.75%时，其强度则急剧下降。

部分减水剂的品种、性能和适宜掺量参见表2-19。

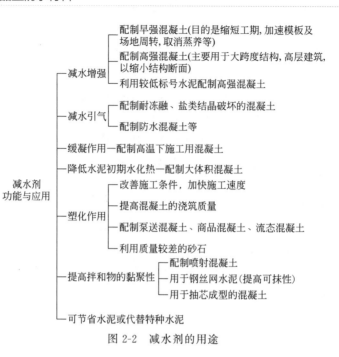

图 2-2 减水剂的用途

表 2-19 部分减水剂品种、性能和适宜掺量

产品名称		成品外观	适宜掺量/(C×%)①	主要技术指标				
				减水率/%	含气量/%	提高混凝土强度/%		
						3d	7d	28d
普通减水剂	M 型减水剂	粉状	0.2～0.3	10		10		5～10
	天山牌减水剂	粉状	0.25	7～8		10～15	10～15	0～12
	MY 型减水剂	粉状	0.2～0.3	9～12	3～4	15		15
	WN-1 型减水剂	深棕色粉末	0.2～0.3	8～11		10～25	15～20	10～20
	长城牌减水剂	粉状	0.2～0.3	10				10～20
	TRB 型减水剂	粉状	0.5～0.75	15～22		30～40	30～70	20～30
高效减水剂	NF 型	褐黄色粉末	0.5～1.0	18～25		≥50		10～30
	建 1 型	深褐黄色粉末	0.5～1.0	12～20		≥50		10～30
	AF 型	褐黑色粉末	0.5～1.0	12～20		≥50		10～30
	四洋牌 FE 型	粉末状	0.5～0.7	15～20	≤3	≥30	≥25	≥20
	四洋牌 AF 型	黑褐色粉末	0.5～0.7	12～14	≤3	≥30	≥25	≥20
	四洋牌建 I 型	棕褐色粉末	0.5～0.7	15～20	3～4	≥30	≥25	≥20
	N 型	深褐色粉末	0.5～0.8	12～15		40	30	25
	AF 型		0.5～0.7	15～20	2.45	38	20	15
	JM8 型	褐黄色粉末	0.3～0.75	15～25	3～5	50		15～30

续表

产品名称		成品外观	适宜掺量/(C×%)①	主要技术指标				
				减水率/%	含气量/%	提高混凝土强度/%		
						3d	7d	28d
高效减水剂	JM9 型	黑色粉末	0.5	15～20		50		15～30
	JH-A 型	黑褐色胶体	0.05～0.3	≥10		30	45	20
	JH-B 型	褐色粉状物	0.5～0.7	≥15		50	40	30
	SJRC 型		0.05～0.3	≥10		30	45	25
	SJG 型	褐色粉末	0.5～0.7	≥15		50	40	30
	钻石牌 FDN-5 型	粉剂	0.3～0.5	14～25		50～80	30～60	20～50
	FDN-2000 型	粉剂	0.3～1.2	15～25		60～90	40～60	20～50
	FDN-3000 型	粉剂	0.3～1.0	15～25		60～90	40～60	20～50
	FDN-500 型	粉剂	0.3～0.4	15		30	60	20
	FFT 型	粉剂	0.5～1.0	14～22		＞40	＞30	20～40
	SN-2 型	棕色粉末	0.5～1.0	14～25		20～70		15～40
	NNO 型	固体	0.5～1.0	10～17		60		20～25
早强减水剂	ZNF 型	灰色粉末	2～4	8～12				15～30
	YS-CMN 型	灰黄色粉末	2～4	10		70	50	
	BC 型	深棕色液体	0.05	7	2.3	50	28	19
	JM2 型	粉状	1～2	15				20～30
	SL 型	粉末	2～3	≥8	3.0	40	20	10
	SJZ-2 型	粉末	2～3	10～15		109	73	40
	FDN-1000 型	粉末	0.4～0.8	14～20		≥60	≥40	≥20
	金陵 1 号	粉状	1～1.5	10～16		40～70		10～50
	JZS 型	粉状	2.5～3	8		50～80		
	木镁	固体	1.5～2.3	8～10		30～50	30～50	10
	GM 型	粉状	2～3.5	10～15			30～55	10～32
缓凝减水剂	AT 型缓凝高效减水剂		0.5～0.7	12～20		30～50	30～50	≥25
	JM3 型	粉状	0.1～0.2	8～10			20	20
	SJH 型	红棕色液体	0.1～0.3	8～10		60	35	20
	FDN-100 型	粉剂	0.2～0.3	≥10		10～30	10～30	＞10
	FDN-440 型	粉剂	0.2～0.5	14		30～50		＞20
	HL-202 型	粉剂	1.5～2.0	10～25		20～80		15～50
	ST 型		0.2～0.3	6～11				15～25
	天府牌	粉剂	0.1～0.15	8～12		30～40	20～35	15～30

产品名称		成品外观	适宜掺量/(C×%)①	主要技术指标				
				减水率/%	含气量/%	提高混凝土强度/%		
						3d	7d	28d
缓凝减水剂	天府牌	液体	0.2～0.3	8～12		30～40	20～35	15～30
	MY型	固态	0.2～0.5	>12	4～8	30	30	30
	MY型	液体	0.2～0.5	>12		30	30	30
引气减水剂	SQ型	固态	0.2～0.25	13～16	4.6～5.6	15～20	15～20	10～15
	YJ-1型		0.01～0.05	>10	3.5～5.5	15		10
	CON-A型	胶状	0.005～0.015	>10	8			20
	BLY型	棕色粉状	0.25～0.3	16～20	4±0.5	15	15～20	10～20

① C为水泥用量。

4. 水泥与减水剂的适应性

在混凝土材料中水泥对外加剂混凝土性能影响最大，对减水剂而言，不同减水剂品种对水泥的分散、减水、增强效应不同，对于同一种减水剂，由于水泥矿物组成、混合材料品种及掺量、含碱量、石膏品种及掺量的不同，其减水增强效果也是不同的。

水泥中的矿物组成，如铝酸三钙（C_3A）、硅酸三钙（C_3S）对水泥水化速度和强度的发挥起着决定性作用，减水剂加入到水泥-水系统以后，首先是被 C_3A 吸附，C_3A 含量高的水泥，吸附减水剂量就多，必然用于分散到 C_3A 和硅酸三钙（C_3S）及其他矿物组分中去的减水剂量显著减少，因此，C_3A 含量高的水泥减水效果就差。

水泥熟料碱含量过高，能使水泥凝结时间缩短，早期强度及流动度降低，因此，碱含量高的水泥减水效果也差。

水泥中作调凝剂的石膏对减水效果影响很大。有的会产生速凝现象，用无水石膏或工业氟石膏作调凝剂，当在使用木质素磺酸钙或糖蜜减水剂时会出现异常凝结现象。这是由于上述石膏在木钙或糖钙溶液中，硫酸钙溶解量下降，C_3A 很快水化，使混凝土发生速凝，C_3A 含量愈大凝结愈快，当 C_3A 含量大于 8% 时，混凝土就会发生速凝现象。

三、早强剂

早强剂是指能够加速水泥水化和硬化，促进混凝土早期强度增长并对后期强度无明显影响的一类外加剂。早强剂可缩短混凝土的养护龄期，加快施工进度，提高模板和场地的周转率。

早强剂可分为无机盐类早强剂，有机物类早强剂和复合型早强剂三大类。常用的无机盐类早强剂主要有氯化物、硫酸盐、硝酸盐和亚硝酸盐、碳酸盐等，有机醇类、胺类以及一些有机酸均可用作混凝土早强剂，主要是指三乙醇胺、三异丙醇胺、甲酸、乙二醇等，复合型早强剂主要是指有机盐与无机盐复合而成的早强剂，也可以是无机材料与无机材料复合而成的或有机材料与有机材料复合而成的复合型早强剂。早强剂主要是无机盐类、有机物等，但现在已越来越多地使用各种复合型早强剂。

应用于渗透结晶型防水材料中的早强剂应为干燥的粉末状产品。

GB 8076—2008《混凝土外加剂》国家标准对早强剂提出的技术性能要求见表 2-17 和表 2-18。

四、缓凝剂

缓凝剂是指能够在较长时间内保持混凝土工作性，延缓混凝土凝结和硬化时间的一类外加剂。

缓凝剂品种较多，可分为有机和无机两大类，主要有：糖类及碳水化合物（如淀粉、纤维素的衍生物等）、羟基羧酸（如柠檬酸、酒石酸、葡萄糖酸以及其盐类）、可溶硼酸盐和磷酸盐等。

GB 8076—2008《混凝土外加剂》国家标准对缓凝剂提出的技术性能要求见表 2-17 和表 2-18。

高效缓凝剂专用于硫（铁）铝酸盐水泥及由此水泥配制的砂浆或混凝土。其特点是能延缓凝结时间，减小混凝土坍落度损失，明显改善混凝土的工作性，对各龄期制品均有较好的增强作用、同时显著改善混凝土的耐久性。

高效缓凝剂一般为粉剂，推荐掺量为水泥用量的0.5%～1.5%，最佳掺量应根据具体使用要求试验确定。

缓凝剂能延缓混凝土凝结硬化时间，便于施工；能使混凝土浆体水化速度减慢，延长水化放热过程，有利于大体积混凝土温度控制。缓凝剂会对混凝土 1～3d 早期强度有所降低，但对后期强度的正常发展并无影响。

缓凝剂对水泥砂浆、混凝土作用的主要技术性能如下。

掺入胶材（水泥＋掺合料）质量的 0.13%～0.2% 的缓凝剂可达到以下性能：

① 减少用水量 5%～10%；

② 与基准混凝土比较，可提高混凝土抗压强度5%～10%；

③ 当混凝土抗压强度和坍落度与基准混凝土基本相同时，可减少水泥用量 5%～10%；

④ 在 20℃时，可延长混凝土凝结时间 4～8h，初凝时间＞90min；

⑤ 能改善混凝土和易性（流动性、黏聚性和保水性），提高其密实性、耐久性；

⑥ 降低混凝土泌水率，提高混凝土匀质性。泌水率比≤100%；28d 收缩率

比≤135%。

五、速凝剂

速凝剂是指能够加快混凝土和砂浆凝结和硬化速度的一类调凝剂。按其化合物的化学成分不同，可分为无机速凝剂和有机速凝剂两大类。

速凝剂的产品质量应符合 JC 477—2005《喷射混凝土用速凝剂》建材行业标准提出的要求。

（1）产品按其形态分为粉状速凝剂和液体速凝剂；按其等级分为一等品和合格品。

（2）产品的匀质性指标应符合表 2-20 提出的要求；掺速凝剂的净浆及硬化砂浆的性能应符合表 2-21 提出的要求。

表 2-20　速凝剂匀质性指标　　　　　　　　JC 477—2005

试验项目	指标	
	液体	粉状
密度	应在生产厂所控制值的±0.02g/cm³之内	—
氯离子含量	应小于生产厂最大控制值	应小于生产厂最大控制值
总碱量	应小于生产厂最大控制值	应小于生产厂最大控制值
pH 值	应在生产厂控制值±1 之内	—
细度	—	80μm 筛余应小于 15%
含水率	—	≤2.0%
含固量	应大于生产厂的最小控制值	

表 2-21　掺速凝剂净浆及硬化砂浆的性能要求　　　　JC 477—2005

产品等级	试验项目			
	净浆		砂浆	
	初凝时间/min	终凝时间/min	1d 抗压强度/MPa ≥	28d 抗压强度比/% ≥
一等品	≤3	≤8	7.0	75
合格品	≤5	≤12	6.0	70

高效速凝剂专用于硫（铁）铝酸盐水泥及由此水泥配制的砂浆或混凝土。其特点是促进硫（铁）铝酸盐水泥的早期水化、使水泥凝结硬化加快、提高水泥的早期强度，且后期强度不倒缩。

该产品无氯、不燃不爆、对钢筋无锈蚀。也适用于以硫（铁）铝酸盐水泥为胶结材料配制的砂浆或混凝土用于抢修及堵漏等工程。

高效速凝剂一般为粉剂，其推荐掺量一般为水泥用量的1%～3%，最佳掺量应根据具体使用要求，通过试验确定。

六、膨胀剂

混凝土膨胀剂是指能与水泥、水拌和后经水化反应生成钙矾石或氢氧化钙或钙矾石和氢氧化钙，从而使混凝土产生体积膨胀的一类外加剂。在普通混凝土中掺入膨胀剂后，则可以配制成补偿收缩混凝土和自应力混凝土，因而膨胀剂的应用范围是十分广泛的。

混凝土膨胀剂按其水化产物的不同，可分为：硫铝酸钙类混凝土膨胀剂（代号为 A）、氧化钙类混凝土膨胀剂（代号为 C）、硫铝酸钙-氧化钙类混凝土膨胀剂（代号为 AC）三类。硫铝酸钙类混凝土膨胀剂是指与水泥、水拌和后经水化反应生成钙矾石的一类混凝土膨胀剂；氧化钙类混凝土膨胀剂是指与水泥、水拌和后经水化反应生成氢氧化钙的一类混凝土膨胀剂；硫铝酸钙-氧化钙类混凝土膨胀剂是指与水泥、水拌和后经水化反应生成钙矾石和氢氧化钙的一类混凝土膨胀剂。

混凝土膨胀剂按限制膨胀率分为Ⅰ型和Ⅱ型。

我国现已发布了 GB 23439—2009《混凝土膨胀剂》国家标准，此标准适用于硫铝酸钙类、氧化钙类与硫铝酸钙-氧化钙类粉状混凝土膨胀剂。GB 23439—2009《混凝土膨胀剂》国家标准对混凝土膨胀剂提出的技术性能要求如下：

a. 混凝土膨胀剂中的氧化镁含量应不大于 5%；

b. 混凝土膨胀剂中的碱含量（选择性指标）按 $Na_2O+0.658K_2O$ 计算值表示，若使用活性骨料，用户要求提供低碱混凝土膨胀剂时，混凝土膨胀剂中的碱含量应不大于 0.75%，或由供需双方协商确定；

c. 混凝土膨胀剂的物理性能指标应符合表 2-22 的规定。

表 2-22　混凝土膨胀剂性能指标　　　　GB 23439—2009

项目			指标值	
			Ⅰ型	Ⅱ型
细度	比表面积/(m²/kg)	≥	200	
	1.18mm 筛筛余/%	≤	0.5	
凝结时间	初凝/min	≥	45	
	终凝/min	≤	600	
限制膨胀率/%	水中 7d	≥	0.025	0.050
	空气中 21d	≥	−0.020	−0.010
抗压强度/MPa	7d	≥	20.0	
	28d	≥	40.0	

注：本表中的限制膨胀率为强制性的，其余为推荐性的。

七、消泡剂

消泡剂是指能够帮助释放砂浆混合和在施工过程中所夹带或产生的气泡，提高抗压强度，改善表面状态的一类抑制或消除气泡的表面活性剂。

消泡剂的种类很多，如有机硅、聚醚、脂肪酸、磷酸脂等，但每种消泡剂各有其自身的适应性，水泥基渗透结晶型防水材料是一种碱性材料，故必须选用适合碱性介质的消泡剂。水泥基渗透结晶型防水材料所选用的消泡剂应是一种水溶性粉末状添加剂，其应能使产品在调配和施工过程中减少不希望产生的气泡。

八、纤维素醚

纤维素醚是指以天然纤维素为原料，在一定条件下经过碱化、醚化反应生成的一系列纤维素衍生物的总称，是纤维素分子链上羟基被醚基团取代的产品。

在干粉砂浆产品中，纤维素醚的添加量虽然很低，但其能显著地改善湿砂浆的性能，是一种影响砂浆施工性能的添加剂。采用渗透结晶型母料生产的水泥基渗透结晶型防水涂料，若在其组分中添加适量的甲基纤维素醚（MC），则可使涂膜具有保水性以及可改善涂料的施工性能。

纤维素醚现已发布了适用于以水泥为主要胶凝材料的建筑干混砂浆中所用的纤维素醚（包括甲基纤维素醚、羟乙基纤维素醚、羟丙基甲基纤维素醚和羟乙基甲基纤维素醚）JC/T 2190—2013《建筑干混砂浆用纤维素醚》建材行业标准。建筑干混砂浆用其他纤维素醚、湿拌砂浆及其他干混砂浆用纤维素醚可以参照此标准。

常用的纤维素醚的分类和代号参见表 2-23，羟丙基甲基纤维素醚基团含量、凝胶温度和代号参见表 2-24。

表 2-23 纤维素醚的分类和代号　　JC/T 2190—2013

分类	代号
甲基纤维素醚	MC
羟乙基纤维素醚	HEC
羟丙基甲基纤维素醚	HPMC
羟乙基甲基纤维素醚	HEMC

表 2-24 羟丙基甲基纤维素醚基团含量、凝胶温度和代号　　JC/T 2190—2013

基团含量[①]		凝胶温度/℃	代号
甲氧基含量/%	羟丙氧基含量/%		
28.0~30.0	7.5~12.0	58.0~64.0	E
27.0~30.0	4.0~7.5	62.0~68.0	F

续表

基团含量[①]		凝胶温度/℃	代号
甲氧基含量/%	羟丙氧基含量/%		
16.5～20.0	23.0～32.0	68.0～75.0	J
19.0～24.0	4.0～12.0	70.0～90.0	K

① 基团含量的测定参照 JC/T 2190—2013 附录 D 进行

JC/T 2190—2013《建筑干混砂浆用纤维素醚》建材行业标准对纤维素醚提出的技术性能要求如下：

1. 一般要求

本标准包括的产品不应对人体、生物与环境造成有害的影响，所涉及与使用有关的安全与环保要求应符合我国相关标准和规范的规定。

2. 技术要求

(1)纤维素醚的技术要求应符合表 2-25 的规定。

表 2-25　纤维素醚的技术要求　　　JC/T 2190—2013

项目	MC	HPMC				HEMC	HEC
		E	F	J	K		
外观	白色或微黄色粉末，无明显粗颗粒、杂质						
细度/% ≤	8.0						
干燥失重率/% ≤	6.0						
硫酸盐灰分/% ≤	2.5						10.0
黏度[①]/mPa·s	标注黏度值(-10%,+20%)						
pH 值	5.0～9.0						
透光率/% ≥	80						
凝胶温度/℃	50.0～55.0	58.0～64.0	62.0～68.0	68.0～75.0	70.0～90.0	≥75.0	—

① 本标准规定的黏度值适用于黏度范围在 1000～100000mPa·s 之间的纤维素醚

(2) 纤维素醚改性干混砂浆的技术要求应符合表 2-26 的规定。

表 2-26　纤维素醚改性干混砂浆的技术要求　　JC/T 2190—2013

项目	技术要求			
	MC	HPMC	HEMC	HEC
保水率/% ≥	90			
滑移值/mm ≤	0.5			
终凝时间差/min ≤	360			—
拉伸黏结强度比/% ≥	100			

九、可再分散乳胶粉

可再分散乳胶粉是指由聚合物乳液通过加入其他物质改性，经喷雾干燥而成，以水作为分散介质可再形成乳液的，具有可再分散性的一类聚合物粉末胶凝材料。

可再分散乳胶粉现已发布了适用于以水泥为主要胶凝材料的建筑干混砂浆用可再分散乳胶粉 JC/T 2189—2013《建筑干混砂浆用可再分散乳胶粉》建材行业标准。其他干混砂浆用可再分散乳胶粉可以参照此标准。

常用的可再分散乳胶粉可按其聚合物种类的不同进行分类，其分类和代号参见表 2-27。

JC/T 2189—2013《建筑干混砂浆用可再分散乳胶粉》建材行业标准对可再分散乳胶粉提出的技术性能要求如下。

表 2-27　可再分散乳胶粉的分类和代号　　JC/T 2189—2013

聚合物种类	代号
乙酸乙烯酯均聚物	PVac
丙烯酸酯类	AC
乙烯-乙酸乙烯酯共聚物	E/Vac
乙酸乙烯酯-叔碳酸乙烯酯共聚物	Vac/VeoVa
丙烯酸酯-苯乙烯共聚物	A/S
苯乙烯-丁二烯共聚物	SBR
乙烯-氯乙烯-月桂酸乙烯酯三元共聚物	E/Vc/VL
乙酸乙烯酯-乙烯-叔碳酸乙烯酯共聚物	Vac/E/VeoVa
乙酸乙烯酯-丙烯酸酯-叔碳酸乙烯酯共聚物	Vac/A/VeoVa
乙酸乙烯酯-乙烯-丙烯酸酯共聚物	Vac/E/A
乙酸乙烯酯-乙烯-甲基丙烯酸甲酯共聚物	Vac/E/MMA

1. 一般要求

本标准包括的产品不应对人体、生物与环境造成有害的影响，所涉及与使用有关的安全与环保要求，应符合我国相关标准和规范的规定。

2. 技术要求

（1）可再分散乳胶粉的技术要求应符合表 2-28 的规定。

表 2-28　可再分散乳胶粉的技术要求　　JC/T 2189—2013

项目	指标
外观	无色差，无杂质，无结块

续表

项目		指标
堆积密度/(kg/m³)		标注值①±50
不挥发物含量/%	≥	98.0
灰分/%		标注值①±2
细度/%	≤	10.0
pH 值		5～9
最低成膜温度/℃		标注值①±2

① 为具体数值，非数值范围。

（2）可再分散乳胶粉改性干混砂浆的技术要求应符合表 2-29 的规定。

表 2-29　可再分散乳胶粉改性干混砂浆的技术要求

JC/T 2189—2013

项目		指标	
凝结时间差/min		初凝	−60～+210①
		终凝	−60～+210①
抗压强度比/%	≥	70	
拉伸黏结强度比 （与混凝土板）/%	≥	原强度	140
		耐水	120
		耐冻融	120
拉伸黏结强度② （与模塑聚苯板）/MPa	≥	原强度	0.10,且聚苯板破坏
		耐水	0.10,且聚苯板破坏
		耐冻融	0.10,且聚苯板破坏
收缩率/%	≤	0.15	

① "−"表示提前，"+"表示延缓。

② 用于配制模塑聚苯板专用砂浆时，检验此项目。

十、聚乙烯醇胶粉（PVA）

聚乙烯醇胶粉是一类水溶性的成膜黏结构质，其产品现已被广泛应用于一些干粉砂浆产品中，其为粉状和膏状腻子提供了较为廉价的黏结材料。

聚乙烯醇胶粉可以像可再分散乳胶粉那样添加到干粉砂浆产品中去，增加其黏结强度，但其综合性能远不能和可再分散乳胶粉相比，在可再分散乳胶粉中，聚乙烯醇胶粉仅起到作为可再分散乳胶粉的保护胶体作用，而真正实现低温柔性黏结，体现较好的抗渗性、抗碱性、抗裂性、保水性等性能的，还是由乙烯-乙酸乙烯（EVA）等共聚物来完成。因此如生产一些价格较为低廉的干粉砂浆产品，可以使用聚乙烯醇胶粉，但其添加量要适当提高。

第四节 粉　　料

普通水泥混凝土的水泥石中水化物稳定性的不足，是混凝土不能超耐久的另一主要因素。在普通混凝土中掺入活性矿物的目的，在于改善混凝土中水泥石的胶凝物质的组成。活性矿物掺料（炭灰、矿渣、粉煤灰等）中含有大量活性 SiO_2 及活性 Al_2O_3，它们能和波特兰水泥水化过程中产生的游离石灰及高碱性水化矽酸钙产生二次反应，生成强度更高、稳定性更优的低碱性水化矽酸钙，从而达到改善水化胶凝物质的组成、消除游离石灰的目的。有些超细矿物掺料，其平均粒径小于水泥粒子的平均粒径，能填充于水泥粒子之间的空隙中，使水泥石结构更为致密，并阻断可能形成的渗透路径。此外，还能改善集料与水泥石的界面结构和界面区性能。这些重要的作用，对增进混凝土的耐久性及强度都有本质性的贡献。

一、粉煤灰

粉煤灰又称飞灰、灰粉，是指从煤粉炉烟道气体中收集到的细粉末，其颗粒多数呈球状、表面光滑、色灰或深灰，通常为酸性，相对密度为 $1.8\sim2.4$，比表面积为 $250\sim700m^2/kg$，粒径多在 $45\mu m$ 以下，主要以玻璃体存在。

粉煤灰属于火山灰质活性混合材料，其主要成分是氧化硅、氧化铝及氧化铁，粉煤灰的化学成分和性能指标不仅受原煤成分的影响，而且还受到煤粉细度、燃烧状态等因素的影响，不同煤粉炉烟道、不同时间排出的粉煤灰其成分和性能差别均很大。粉煤灰的活性主要决定于玻璃体的含量以及无定形的氧化铝和氧化硅的含量。

粉煤灰粒形圆整、表面光滑、粉度较细、质地致密，可以有效降低水泥浆体的需水量，减水率可达 $4\%\sim11\%$，同时，保水性和匀质性增强，初始结构得到改善。但当粉煤灰呈多孔粗粒状、含碳量过高时，粉煤灰往往丧失其形态优越性，使需水量增大。因此，要通过各种途径除去炭粒、提高细度、改善粉煤灰的形态效应。

粉煤灰是以酸性氧化物为主的玻璃相物质，它在水泥的水化产物形成的碱性环境中逐渐受到腐蚀，发生火山灰反应，形成 C—S—H 凝胶，该反应减弱了 OH^- 的浓度，这反过来又促进了水泥的水化反应，二者相互促进，对水泥石强度的增长起了重要作用。

粉煤灰的主要作用如下。

（1）节约混凝土中水泥用量 $20\%\sim30\%$，降低混凝土成本，更多地使用工业废料，节约自然矿产资源，节约能源，控制和减少污染，控制环境负荷，保护环境，保护资源。

（2）水泥用量的减少降低了混凝土水化热，减少了温度应力，抑制温差产生裂缝。

（3）还可以在抑制碱骨料反应、抵抗硫酸盐侵蚀等方面大显身手。

（4）粉煤灰以微骨料的形式存在于混凝土中，改善混凝土的孔结构，使孔径得以细化和匀化，既提高了混凝土的抗渗性、抗冻融性，也提高了耐久性。

（5）具有火山灰作用，能增加混凝土的抗压、抗拉、抗弯、抗剪强度。

（6）在用水量不变的情况下，可配制流动性（塑性）混凝土，避免因钢筋密集、振捣不善而发生质量通病。

按照粉煤灰收集方式的不同，可分为干排粉煤灰和湿排粉煤灰两种，后者含水量大，活性降低较多，质量也不如前者；按照粉煤灰收集工艺的不同，可分为静电收尘粉煤灰和机械收尘粉煤灰两种，前者颗粒细且质量好，后者则颗粒较粗，质量亦较差；经磨细加工处理的粉煤灰称之为磨细粉煤灰，未经加工处理的称之为原状粉煤灰。目前常用的粉煤灰有磨细粉煤灰、原状干排粉煤灰和原状湿排粉煤灰等。

适用于拌制混凝土和砂浆时作为掺合料的粉煤灰及水泥生产中作为活性混合材料的粉煤灰现已发布了 GB/T 1596—2005《用于水泥和混凝土中的粉煤灰》国家标准。

粉煤灰按其煤种的不同可分为 F 类和 C 类两种。F 类粉煤灰是指由无烟煤或烟煤煅烧收集的粉煤灰；C 类粉煤灰是指由褐煤或次烟煤煅烧收集的粉煤灰，其氧化钙含量一般大于 10%。拌制混凝土和砂浆用的粉煤灰可分为 I 级、II 级、III 级三个等级。

拌制混凝土和砂浆用粉煤灰应符合表 2-30 的要求；水泥活性混合材料用粉煤灰应符合表 2-31 的要求。

表 2-30　拌制混凝土和砂浆用粉煤灰技术要求　GB/T 1596—2005

项目		技术要求		
		I 级	II 级	III 级
细度（45μm 方孔筛筛余）/% ≤	F 类粉煤灰	12.0	25.0	45.0
	C 类粉煤灰			
需水量比/% ≤	F 类粉煤灰	95	105	115
	C 类粉煤灰			
烧失量/% ≤	F 类粉煤灰	5.0	8.0	15.0
	C 类粉煤灰			
含水量/% ≤	F 类粉煤灰	1.0		
	C 类粉煤灰			

续表

项目		技术要求		
		Ⅰ级	Ⅱ级	Ⅲ级
三氧化硫/% ≤	F类粉煤灰	3.0		
	C类粉煤灰			
游离氧化钙/% ≤	F类粉煤灰	1.0		
	C类粉煤灰	4.0		
安定性 雷氏夹沸煮后增加距离/mm ≤	C类粉煤灰	5.0		

表 2-31　水泥活性混合材料用粉煤灰技术要求 GB/T 1596—2005

项目		技术要求	
烧失量/% ≤	F类粉煤灰	8.0	
	C类粉煤灰		
含水量/% ≤	F类粉煤灰	1.0	
	C类粉煤灰		
三氧化硫/% ≤	F类粉煤灰	3.5	
	C类粉煤灰		
游离氧化钙/% ≤	F类粉煤灰	1.0	
	C类粉煤灰	4.0	
安定性 雷氏夹沸煮后增加距离/mm ≤	C类粉煤灰	5.0	
强度活性指数/% ≥	F类粉煤灰	70.0	
	C类粉煤灰		

粉煤灰的放射性应合格；粉煤灰中的碱含量按 $Na_2O+0.658K_2O$ 计算值表示，当粉煤灰用于活性骨料混凝土，要限制掺合料的碱含量时，由买卖双方协商确定；粉煤灰的均匀性以细度（$45\mu m$ 方孔筛筛余）为考核依据，单一样品的细度不应超过前 10 个样品细度平均值的最大偏差，最大偏差范围由买卖双方协商确定。

需要提醒的是，粉煤灰用于下列混凝土时，应采取相应措施：①粉煤灰用于要求高抗冻融性的混凝土时，必须掺入引气剂；②粉煤灰混凝土在低温条件下施工时，宜掺入对粉煤灰混凝土无害的早强剂或防冻剂，并应采取适当的保温措施；③用于早期脱模、提前负荷的粉煤灰混凝土，宜掺用高效减水剂、早强剂等外加剂。

粉煤灰对早期钙矾石膨胀和后期氧化镁膨胀均起明显的抑制作用，随着粉煤灰掺量的增加，膨胀率明显降低，当粉煤灰掺量增加到30％以上时（水泥基渗透结晶型防水材料的粉煤灰掺量绝对不能超过 10%），其膨胀率实际上已不随粉煤灰的掺量而变化，膨胀已基本被抑制（剩下的膨胀是一般中热水泥在水中的固有膨胀），在 20℃下，随着 SO$_3$ 掺量增加，早期钙矾石膨胀持续的时间延长，在 20℃时，SO$_3$ 存在一个较佳的掺量，在这个较佳掺量之前，随着掺量的提高，强度有所提高或下降甚微，超过这个较佳掺量以后强度下降明显，随着龄期的增长，这个较佳期的 SO$_3$ 掺量变大。

在较高的温度下，粉煤灰对早期钙矾石膨胀的抑制作用要大得多，而在较低的温度下粉煤灰对氯化镁膨胀的抑制作用比较明显。适当提高粉煤灰-双膨胀水泥胶材体系中的 SO$_3$ 含量，可以弥补粉煤灰对双膨胀水泥早期膨胀的损失，同时对胶材的强度性能没有明显的负面影响，甚至是有利的，尤其是在较高的养护温度下。

粉煤灰颗粒本身的强度很高，厚壁空心微珠抗压强度在 700MPa 以上，粒度 30μm 以下的粉煤灰颗粒在水泥中可以相当于未水化水泥熟料微粒的作用。水化后期粉煤灰表面生成低铝的 C—S—H 凝胶，使界面黏结力增强，明显增强了水泥石的结构强度。

据工程实践反映，掺入矿渣和粉煤灰以后，较纯熟料水泥在性能上有一系列优点，主要是强度和抗蚀能力提高，这是因为混合材料中的活性组分能与熟料水解放出的 Ca(OH)$_2$ 发生二次水化，生成水化硅铝酸钙凝胶，使浆体碱度降低，结构密实。流动性提高特别表现在粉煤灰灌浆水泥中，细小的粉煤灰微珠不仅具有润滑功能，而且有利于改善水泥的颗粒级配，使水泥浆液稳定性提高，减少了泌水、离析效应，从而进一步改善水泥的可灌性。

二、石膏

石膏是一种以硫酸钙为主要成分的气硬性胶凝材料。气硬性胶凝材料是指能在空气中硬化，也只能在空气中保持或继续发展其强度的一类胶凝材料。常用的石膏胶凝材料其主要种类有建筑石膏、高强石膏、无水石膏、高温煅烧石膏等。

石膏是非金属硫酸盐类中的硫酸钙矿物，其应用领域广泛，主要用于建筑材料方面，可作水泥缓凝剂，建筑用石膏制品及胶结材料等；在农业中用作土壤改良剂、肥料及农药；还可应用于造纸、油漆、橡胶、陶瓷、塑料、纺织、食品、工艺美术、文教及医药等方面；在缺乏其他硫资源时，也可作为制造硫酸、硫酸铵的原料。

矿石矿物原料特点如下。

一般所称石膏，可泛指石膏和硬石膏两种矿物。石膏为二水硫酸钙（CaSO$_4$·2H$_2$O），又称二水石膏、水石膏或软石膏，理论成分 CaO 32.6%、SO$_3$ 46.5%、H$_2$O 20.9%，单斜晶系，晶体为板状，通常呈致密块状或纤维状，白色或灰色、红色、褐色；硬石膏为无水硫酸钙（$CaSO_4$），理论成分 CaO 41.2%、SO_3 58.8%，斜方晶系，晶体为板状，通常呈致密块状或粒状，白色、灰白色。

石膏在中国现代工业中，年产量的 93% 用作水泥缓凝剂。水泥中加入石膏，可使其凝结时间合理，避免快凝现象，并可提高强度和抗冻性，降低干缩率，但其掺入量一般不超过 3.5%。

（一）石膏胶凝材料的生产

生产石膏胶凝材料的原料主要是天然二水石膏（$CaSO_4 \cdot 2H_2O$）、天然无水石膏（$CaSO_4$）及含 $CaSO_4 \cdot 2H_2O$ 或 $CaSO_4 \cdot 2H_2O$ 与 $CaSO_4$ 混合物的化工副产品。

天然二水石膏又称其为软石膏或生石膏，是以二水硫酸钙（$CaSO_4 \cdot 2H_2O$）为主要成分的矿石。纯净的石膏呈无色透明或白色，但天然石膏常因含有杂质而呈灰色、褐色、黄色、红色、黑色等颜色。天然无水石膏（$CaSO_4$）又称天然硬石膏，其质地较二水石膏硬，一般为白色，若有杂质，则呈灰红色等颜色，只可用于生产无熟料水泥。

含 $CaSO_4 \cdot 2H_2O$ 或 $CaSO_4 \cdot 2H_2O$ 与 $CaSO_4$ 混合物的化工副产品，亦可用作生产石膏胶凝材料的原材料，常称其为化工石膏。如磷石膏是制造磷酸和磷肥时的废渣；硼石膏是生产硼酸时所得到的废料；氟石膏则是制造氟化氢时的废渣。此外，还有盐石膏、芒硝石膏、钛石膏等，都有一定的利用价值。若这些废渣中存在着酸性成分，则要用水洗涤或用石灰中和，使其成中性后方可使用。

生产石膏胶凝材料的主要工序是破碎、加热与磨细。由于加热方式和加热温度的不同，所得的石膏产品其具有的性质亦是不相同的。

将天然二水石膏或其主要成分为二水石膏的化工石膏加热时，随着温度的升高将会发生如下变化：当加热温度为 65～75℃时，$CaSO_4 \cdot 2H_2O$ 则开始脱水。当加热温度到 107～170℃时，则生成半水石膏 $CaSO_4 \cdot 1/2H_2O$，在该加热阶段中，如采用不同的加热条件，可获得的半水石膏有 α 型和 β 型两种形态，若将二水石膏置在非密闭的窑炉中加热脱水，所得的是 β 型半水石膏，即建筑石膏。建筑石膏的晶体较细，调制成一定稠度的浆体时，需水量较大，因而硬化后强度亦较低；若将二水石膏置于具有 0.13MPa、120℃ 的过饱和蒸汽条件下蒸炼脱水，或置于某些盐溶液中沸煮，则可获得 α 型半水石膏，即高强石膏。高强石膏的晶粒较粗，调制成一定稠度的浆体时，需水量较小，因而硬化后强度亦较高。当加热温度到 170～200℃时，半水石膏继续脱水，成为可溶性硬石膏，与水调和后仍能很快凝结硬化。当加热温度升至 200～250℃时，石膏中残留的水已很少，这时凝结硬化已非常缓慢。当加热温度高于 400～750℃时，石膏完全失去水分，成为不溶性硬石膏，失去凝结硬化能力，成为死烧石膏。当加热温度高于 800℃时，部分石膏分解出的氧化钙起催化作用，所得产品又重新具有凝结硬化性能，这就是高温煅烧石膏。

（二）建筑石膏

建筑石膏是以天然石膏或工业副产石膏经脱水处理制得的，以 β 半水硫酸钙（β-$CaSO_4 \cdot 1/2H_2O$）为主要成分，不预加任何外加剂或添加物的一类粉状胶凝材料。建筑石膏是一种白色粉末，其密度为 2.60～2.75g/cm^3，堆积密度为 800～1000kg/m^3。该类产品现已发布了《建筑石膏》（GB/T 9776—2008）国家标准。

1. 建筑石膏的分类和技术要求

建筑石膏按其采用的原材料不同，可分为三类：天然建筑石膏（代号：N）、脱硫建筑石膏（代号：S）、磷建筑石膏（代号：P）。

建筑石膏按 2h 强度（抗折）分为 3.0、2.0、1.6 三个等级。

建筑石膏的技术要求如下。

（1）在建筑石膏的组成中，β 半水硫酸钙（β-$CaSO_4 \cdot 1/2H_2O$）的含量（质量分数）应不小于 60.0%。

（2）建筑石膏的物理力学性能应符合表 2-32 提出的要求。

表 2-32　建筑石膏的物理力学性能　　　　GB/T 9776—2008

等级	细度(0.2mm方孔筛筛余)/%	凝结时间/min		2h 强度/MPa	
		初凝	终凝	抗折	抗压
3.0				≥3.0	≥6.0
2.0	≤10	≥3	≤30	≥2.0	≥4.0
1.6				≥1.6	≥3.0

（3）工业副产建筑石膏的放射性核素限量应符合 GB 6566—2010《建筑材料放射性核素限量》的要求。

（4）工业副产建筑石膏中限制成分氧化钾（K_2O）、氧化钠（Na_2O）、氧化镁（MgO）、五氧化二磷（P_2O_5）和氟（F）的含量由供需双方商定。

2. 建筑石膏的硬化机理

建筑石膏与水拌和后，可调制成可塑性浆体，经过一段时间的反应后，将失去塑性，并凝结硬化成具有一定强度的固体。发生这种现象的实质，是由于浆体内部经历了一系列的物理化学变化。建筑石膏与水拌和后，半水石膏溶解于水，很快成为饱和溶液，溶液中的半水石膏与水反应生成二水石膏，由于二水石膏在水中的溶解度比半水石膏小得多，仅为半水石膏溶解度的1/5，半水石膏的饱和溶液对于二水石膏就成了过饱和溶液，所以二水石膏以胶体微粒自水中析出。这样就促进了半水石膏不断地溶解和水化，直到半水石膏完全溶解。在这个过程中，浆体中的游离水分因水化和蒸发而逐渐减少，二水石膏胶体微粒数量则不断增加，而这些二水石膏微粒比原来的半水石膏粒子要小得多。由于粒子总表面积增加，需要更多的水分来包裹，所以浆体的稠度便逐渐增大，颗粒之间的摩擦力和黏结力逐渐增加，浆体的可塑性逐渐减小，此时称之为石膏的"凝结"。随着浆体继续变稠，胶体微粒逐渐凝聚成为晶体。晶体逐渐长大，共生并相互交错，使浆体逐渐产生强度，并不断增长，这个过程称之为"硬化"。实际上，石膏的凝结和硬化是一个连续的、复杂的物理化学变化过程，直到完全干燥，晶体之间的摩擦力和黏结力不再增加，强度才会停止发展。

3. 建筑石膏的技术性质

建筑石膏的技术性质主要有以下几个方面。

（1）凝结硬化速度快　建筑石膏凝结硬化速度快，它的凝结时间是随着煅烧温度、磨细程度和杂质含量的不同而不同的，一般在与水拌和后，在常温下数分钟即可初凝，30min 以内即可达到终凝。在室内自然干燥状态下，达到完全硬化约需一星期。

凝结时间可按要求进行调整，若要延缓凝结时间，可掺入缓凝剂，以降低半水石膏的溶解度和溶解速度，常见的缓凝剂如亚硫酸盐酒精废液、硼砂、蛋白胶等；若要加速建筑石膏的凝结，则可掺入促凝剂，如氯化钠、氯化镁、硅氟酸钠、硫酸钠、硫酸镁等，其作用在于增加半水石膏的溶解度和溶解速度。

（2）硬化时体积微膨胀　建筑石膏在凝结硬化过程中，其体积略有膨胀，硬化时不出现裂缝，所以可不掺加填料而单独使用，并可很好地填充模型，硬化后的石膏，表面光滑、颜色洁白，其制品尺寸准确、轮廓清晰，可锯可钉，制品具有很好的装饰性能。

（3）硬化后孔隙率较大，表观密度和强度较低　建筑石膏的水化反应，其理论需水量只占半水石膏质量的 18.6%，但在实际使用中，为使石膏浆体具有一定的可塑性，通常其加水量需达到 60%～80%，因而多余的水分在硬化过程中逐渐蒸发，从而使硬化后的石膏留有大量的孔隙，一般其孔隙率为 50%～60%，故建筑石膏硬化后，强度较低，表观密度较小。

由于石膏制品的孔隙率大，因而热导率低、吸声性强、吸湿性大，可调节室内的温湿度。同时石膏制品质地洁白细腻，凝固时不像石灰和水泥那样易出现体积收缩，反而略有膨胀（膨胀量约为 1%），可浇筑出纹理细致的浮雕花饰。所以是一种较好的室内饰面材料。

（4）防火性能良好　石膏硬化后的结晶物 $CaSO_4 \cdot 2H_2O$ 遇到火烧后，结晶水蒸发，吸收热量，并在表面生成具有良好绝热性的蒸汽幕和脱水物隔离层，起到阻止火焰蔓延和温度升高的作用，并且无有害气体产生，所以具有较好的抗火性能。但建筑石膏制品不宜长期应用于靠近 65℃ 以上的高温部位，以免二水石膏在此温度作用下脱水分解而使强度降低。

（5）耐水性、抗冻性和耐热性差　建筑石膏硬化后，具有很强的吸湿性和吸水性，在潮湿的环境中，晶体间的黏结力削弱，强度明显降低。在水中晶体还会被溶解而引起破坏，在流动的水中破坏更快，硬化石膏的软化系数为 0.2～0.3，若石膏吸水后受冻，则孔隙内的水分结冰，产生体积膨胀，使硬化后的石膏体破坏，所以石膏的耐水性和抗冻性均较差。此外，若在温度过高的环境中使用（超过 65℃），二水石膏会脱水分解，造成强度降低。因此，建筑石膏不宜用于潮湿和温度过高的环境中。如在建筑石膏中掺入一定量的水泥或其他含有活性 SiO_2、Al_2O_3 和 CaO 的材料，如粒化高炉矿渣、石灰、粉煤灰，或掺加有机防水剂等，则可不同程度地改善建筑石膏制品的耐水性。

（三）高强石膏

当二水石膏在不同的加热条件下脱水时，可获得 α 型和 β 型两种不同形态的半水石膏，虽然其晶体都属三方晶系，但其硬化体的各项性能却有着十分明显的差异。所谓高强石膏作为石膏本身而言，它是由二水硫酸钙通过饱和蒸汽介质或在某些盐类及其他物质的水溶液中进行热处理所获得的一种 α 型半水石膏的变体。

高强石膏的主要成分是 α 型半水石膏，因将其调成可塑性浆体的需水量比建筑石膏（β 型半水石膏）少一半左右，所以硬化后具有较高的密实度和强度，一般，3h 抗压强度可达 9～24MPa，7d 可达 15～40MPa。

高强石膏适用于强度要求较高的抹灰砂浆、装饰砂浆、自流平砂浆，如掺入防水剂后，可应用于湿度较高的环境中，如加入可再分散性胶粉，则可配成胶黏剂，其特点是无收缩。

（四）无水石膏

无水石膏是由天然硬石膏或天然二水石膏加热至 400～750℃，石膏将完全失去水分，成为不溶性硬石膏，失去凝结硬化能力时，再加入适量的激发剂——硫酸盐激发剂，如 5% 硫酸钠或硫酸氢钠与 1% 铁矾或铜矾的混合物；还有碱性激发剂，如 1%～5% 石灰或石灰与少量半水石膏混合物、煅烧白云石、碱性粒化高炉矿渣等，使其又恢复胶凝性的一类石膏，无水石膏又称硬石膏。无水石膏在民用建筑中可用于砌筑、抹灰、室内罩面、地面自流平等砂浆中，但掺砂量不宜过高，以保证其强度的正常发挥。

（五）高温煅烧石膏

将天然二水石膏或天然无水石膏在 800～1000℃ 下煅烧，煅烧后的产物经磨细后，即可得到高温煅烧石膏。高温煅烧石膏凝结、硬化速度慢，掺入少量的石灰、半水石膏或 $NaHSO_4$、明矾等，可加快凝结硬化的速度，提高其磨细程度，也可以起到加速硬化、提高强度的作用。高温煅烧石膏硬化后，具有较高的强度和耐磨性，抗水性较好，宜用作地板，故又称其为地板石膏。

三、滑石粉

滑石粉是指由滑石块、皂石、滑石土、纤维滑石、石棉绿石等含有不同数量纯质矿物滑石矿石经挑选后，采用压碎和研磨等机械加工工艺制成的，具有一定细度的、呈白色粉状的一类粉体产品。滑石是一种含水的镁硅酸盐矿物，质软、具滑腻感，理论化学式为 $Mg_3(Si_4O_{10})(OH)_2$ 或 $3MgO \cdot 4SiO_2 \cdot H_2O$。滑石粉现已发布 GB/T 15342—2012《滑石粉》国家标准。

滑石粉按其粉碎粒度的大小，划分为磨细滑石粉、微细滑石粉和超细滑石粉三类。磨细滑石粉是指用试验筛进行筛分，试验筛孔径在 $38\sim1000\mu m$ 范围内，通过率在 95% 以上的一类滑石粉；微细滑石粉是指用仪器测定，粒径在 $30\mu m$ 以下的累积含量在 90% 以上的一类滑石粉；超细滑石粉是指用仪器测定，粒径在 $10\mu m$ 以下的累积含量在 90% 以上的一类滑石粉。

滑石粉按其用途，可分为 9 个品种，详见表 2-33。表中的 9 个品种滑石粉，其中化妆品用滑石粉不分级，其他工业用滑石粉按其理化性能划分为一级品、二级品和三级品三个等级，分别用英文字母 A、B、C 表示。

表 2-33　滑石粉产品的品种及用途　　GB/T 15342—2012

代　号	产品品种	用　途
HZ	化妆品用滑石粉	用于各种润肤粉、美容粉、爽身粉等
TL	涂料-油漆用滑石粉	用于白色体质颜料和各类水基、油基、树脂基工业涂料、底漆、保护漆等
ZZ	造纸用滑石粉	用于各类纸张和纸板的填料，木沥青控制剂
SL	塑料用滑石粉	用于聚丙烯、尼龙、聚氯乙烯、聚乙烯、聚苯乙烯和聚酯类等塑料的填料
XJ	橡胶用滑石粉	用于橡胶填料和橡胶制品防黏剂
DL	电缆用滑石粉	用于电缆橡胶增强剂，电缆隔离剂
TC	陶瓷用滑石粉	用于制造电瓷、无线电瓷、各种工业陶瓷、建筑陶瓷、日用陶瓷和瓷釉等
FS	防水材料用滑石粉	用于防水卷材、防水涂料、防水油膏等
TY	通用滑石粉	用于各种工业产品的填料、隔离剂、补强剂等

涂料-油漆用滑石粉的理化性能应符合表 2-34 的规定；防水材料用滑石粉的理化性能应符合表 2-35 的规定。

表 2-34　涂料-油漆用滑石粉的理化性能要求　GB/T 15342—2012

理化性能		一级品	二级品	三级品
白度/% ≥		80.0	75.0	70.0
细度	磨细滑石粉	明示粒径相应试验筛通过率≥98.0%		
	微细滑石粉和超细滑石粉	小于明示粒径的含量≥90.0%		

续表

理化性能		一级品	二级品	三级品
水分/%	≤	0.50		1.00
烧失率(1000℃)/%		7.00	8.00	18.00
水溶物/%		0.50		

注：其他质量要求，如刮板细度、吸油量等，由供需双方商定。

表 2-35　防水材料用滑石粉的理化性能要求　GB/T 15342—2012

理化性能		二级品	三级品
白度/%	≥	75.0	60.0
细度(75μm通过率)/%	≥	98.0	95.0
水分/%	≤	0.50	1.00
二氧化硅＋氧化镁/%	≥	77.0	65.0
烧失率(1000℃)/%	≤	15.0	18.0
水萃取液 pH 值	≤	10.0	—

滑石粉是片状和纤维状两种结构形态的混合物，纤维状的结构能对涂膜起到增强的作用，增加涂膜的柔韧性；而片状结构则可以提高涂膜的屏蔽效果，能减少水分对涂膜的穿透性。滑石粉还可以改善涂料的施工性能，因此滑石粉可以广泛应用于各种涂料之中，但由于滑石粉质量各不相同，其伴生矿物成分也不同，加工工艺也有差异，因此滑石粉可以分为几个品种，在涂料中应用的一般均为涂料－油漆用滑石粉。高级涂料应使用微细滑石粉，用作涂料中的滑石粉要求含杂质尽量少，在建筑防水涂料中若加入少量的滑石粉能防止颜料沉淀和涂料流挂，并能在涂膜中吸收伸缩应力，避免和减少发生裂缝和空隙。

第三章 水泥基渗透结晶型防水材料的生产

03 Chapter

第一节 水泥基渗透结晶型防水材料的配方设计和生产工艺

一、水泥基渗透结晶型防水材料的配方设计

水泥基渗透结晶型防水材料其配方的组成由于所采用的活性化学物质不同，其组成亦各不相同。不同生产厂家对其产品的配方设计，其主料和辅料的选择都会有所不同，具体的配方设计原则上必须根据所采用的催化剂提供商规定的原料和配合比进行。

水泥基渗透结晶型防水涂料生产配方的设计参见表 3-1～表 3-6。

表 3-1 防水涂料生产配方设计（一）

序 号	原辅料	比 例	说 明
1	催化剂（进口母料）	4%～6%	纯进口母料
2	硅酸盐水泥	32%	
3	石英砂	41%	80～100 目
4	增黏剂	0.8%	
5	微膨胀剂	2.5%～3.5%	
6	固体消泡剂	适量	根据产品用途适量添加速凝剂或缓凝剂
7	无机填料	适量	

表 3-2 防水涂料生产配方设计（二）

序 号	原辅料	比 例	说 明
1	催化剂（进口母料）	3%～5%	纯进口母料

续表

序 号	原 辅 料	比 例	说 明
2	波特兰水泥	45%～50%	
3	石英砂	35%～40%	80～100目
4	石膏	2.5%～3%	
5	早强剂	1%～2%	无水亚硝酸钙等
6	其他辅料	5%～6%	根据产品用途适量添加速凝剂或缓凝剂

表 3-3 防水涂料生产配方设计（三）

序 号	原 辅 料	比 例	说 明
1	催化剂（进口母料）	13%～15%	纯进口母料
2	普通硅酸盐水泥	55%～60%	
3	石英砂	20%～25%	70～100目
4	粉煤灰	3%～5%	
5	其他辅料	3%～4%	柠檬酸等

表 3-4 防水涂料生产配方设计（四）

序 号	原 辅 料	比 例	说 明
1	水泥	87%	强度等级为52.5级硅酸盐水泥,用作涂料的成膜物质和活性母料的载体
2	渗透结晶型活性母料	4%	提供向混凝土中渗透结晶的活性物质。
3	粉状硅酸钠	3%	模数>2.0,起助凝作用
4	石英砂	5%	80目的过筛石英砂,不能使用磨细砂,用作填料和载体
5	甲基纤维素醚	1%	使涂膜具有保水性和改善施工性能

表 3-5 防水涂料生产配方设计（五）

序 号	原 辅 料	比 例	说 明
1	催化剂（进口母料）	1.0%～2%	纯进口母料
2	普通硅酸盐水泥	40%～45%	
3	精细硅砂	30%～35%	80～100目
4	快硬硫铝酸盐水泥	15%～20%	
5	石膏	2%～3%	
6	微膨胀剂	1%～2%	
7	其他辅料	2%～3%	根据产品用途适量添加速凝剂或缓凝剂

表 3-6　防水涂料生产配方设计（六）

序　号	原　辅　料	比　例	说　明
1	催化剂	10%～15%	进口母料混合物
2	波兰特兰水泥	45%～50%	
3	精细石英砂	25%～30%	70～100目
4	石膏	2%	
5	粉煤灰	5%	
6	其他辅料	3%～5%	根据产品用途适量添加速凝剂或缓凝剂

　　上述六种配方设计案例，只是众多生产厂家中的个别案例，并不代表所有生产厂的情况。

　　需要说明的是，如果是生产水泥基渗透结晶型防水剂的话，虽然配方设计和水泥基渗透结晶型防水涂料差异不大，但所选水泥原料必须和产品需求方的设计要求相符，必须避免不同性质的水泥材料混用；同时，要严格按照各生产厂的推荐掺量，做好抗压强度比、渗透压力比、收缩率比等方面的出厂检验。尤其是第二次抗渗压力的检测，是区别普通防水剂和水泥基渗透结晶型防水剂的关键所在。

　　随着水泥基渗透结晶型防水涂料产品应用范围的扩大和对此类产品研制开发的深入，通过改变其涂料各组分的品种和用量，则可得到不同性能或满足不同施工要求的水泥基渗透结晶型防水涂料产品。如在涂料组分中添加适量可提高基层黏结强度的粉状聚乙烯醇或可再分散乳胶粉等一类有机胶凝材料，则能够得到黏结增强型水泥基渗透结晶型防水涂料产品；如在涂料组分中添加高效减水剂、硅粉等，则能得到涂膜强度高的水泥基渗透结晶型防水涂料产品；又如适当增加活性母料用量的质量份，则能得到其活性成分浓度更高的加强型渗透结晶型防水涂料。

二、水泥基渗透结晶型防水材料的生产工艺

　　水泥基渗透结晶型防水材料的生产工艺流程与一般干粉砂浆的生产工艺相同，主要包括以下几个环节：

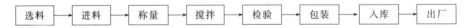

选料 → 进料 → 称量 → 搅拌 → 检验 → 包装 → 入库 → 出厂

　　（1）选料　以选择高标号、高质量的原辅材料为宜，严格按催化剂供应商的要求执行。

　　（2）进料　进料应注意时间、环境等多方面因素，不要过早进料，进料后必须及时生产；避免在梅雨季节进料，以免原料受潮、结块；进料时必须检查供料厂家的质保书和产品检测情况；进料后应小批量进行生产试验，以免原料不合格

而选成大批量生产产品的报废。

（3）称量 只需用一般称量工具即可，但应注意称量的准确，以保证生产配比的正确、稳定性。

（4）搅拌 搅拌应由专人负责，控制好搅拌速度、时间，保证搅拌的均匀性。

（5）检验 成品生产出来后，须做产品试验，包括匀质性指标试验报告，抗渗压力或渗透压力比试验报告（没有试验条件的厂家可委托有资质的试验单位检测）。

（6）包装 生产过程中的包装应注意包装材料的质量、外观；净重不可包含包装材料的重量。

（7）入库 入库时必须堆放整齐，不同类型与不同生产日期的产品应分别堆放。

（8）出厂 产品出厂时，必须随附产品合格证（可贴在包装外面）。

三、产品的包装、运输、储存

（一）包装

水泥基渗透结晶型防水材料产品可以袋装或桶装。袋装时须用防潮的包装袋。

由于产品的进口母料成本较高，对产品的保质期要求较高，一般生产厂家均采用塑料密封桶包装出厂，一为产品形象，二为运输安全，三为保质期长。也有个别厂家为节约生产成本，而使用聚乙烯编织袋包装，使用时应特别注意保质期是否已过，并开袋检查有无结粉球和结块现象，若有此现象，表示该产品可能已过保质期或在储存与运输途中受潮，其技术指标和防水性能相应会有所下降。

即便使用塑料密封桶包装，也不可使用再生塑料，因其脆性太大，材料黏度较低，容易开裂，在堆放、搬运和运输过程中很容易造成损坏。

水泥基渗透结晶型防水材料产品的包装规格，常规的有每桶（袋）25kg、5kg包装的，也有2kg、9kg、15kg等特殊规格的包装。

（二）标志

水泥基渗透结晶型防水材料包装容器上必须注明产品名称、标记、净质量（净重）、生产厂名称、生产日期、批量编号、保质期限等。已注册商标的厂家尽可能注明商标。

（1）产品名称 水泥基渗透结晶型防水材料或以商标名、英译名、专用名、字母、数字等替代。

（2）标记 按照产品名称、类型、型号、标准号顺序排列。常规标记写法如下。

① 水泥基渗透结晶型防水涂料标记为：

$$CCCW\text{-}C\text{-}GB\ 18445\text{—}2012$$

产品名称　类型　　　标准号

② 水泥基渗透结晶型防水剂标记为：

$$CCCW\text{-}A\text{-}GB\ 18445\text{—}2012$$

保质期限一般为一年。

（三）运输

水泥基渗透结晶型防水材料按非危险品运输，运输过程中应注意按产品的类型、型号分别堆放，不得混杂。运输途中产品叠放不宜过高。要防止包装容器破损、受潮。

（四）储存

水泥基渗透结晶型防水材料产品储存应置放于干燥、通风处，避免暴晒、雨淋。堆放时应根据不同类型、型号、生产日期有序堆放。袋装产品的叠放不宜超过10袋，桶装产品的叠放不宜超过5桶。产品自生产之日起计算，储存期为一年，过期产品应重新检验符合标准才能使用。

第二节　水泥基渗透结晶型防水材料生产的主要设备

一、粉料混合设备（全封闭式干粉料搅拌混合机）

目前国内用于粉料搅拌混合设备的大致有三大类。

其一，是卧式搅拌型，该机型主要是通过卧筒体搅拌桨转动致使各种物料混合。简单、方便。有时会存在死角，能耗大。

其二，是锥式双螺旋型，该机主要通过双螺旋搅拌轴作行星旋转。使进入物料相互混合。概率高、连续性强。但配料比较不稳定。

其三，是V形回转式，该机主要是通过V形罐体的回转，将物料作集中与分散的连续往复运动，从而达到充分混合的目的，全封闭，能耗小，效果较好，但设备成本较高，容量不宜过大。

目前水泥基渗透结晶型防水材料的生产上，使用较多的是双螺旋锥形混合机，采用双向分离传动机构，便于控制，便于装卸。罐体由特种不锈钢材料制造，内外抛光，无混合死区，放净率高。

双螺旋锥形混合机根据不同的机型结构特点，又可分为摆线针轮减速机型、蜗轮蜗杆机型、公转自转分开型等多种机型。

1. 应用范围

双螺旋锥形混合机是一种高效的粉体或颗粒物料混合设备，它广泛适用于化工、农药、染料、建材、医药、食品、饲料、添加剂、精细化工、石油、冶金、矿山、耐火材料等行业的各种粉粒颗粒的混合。该机对混合物料适应性广，对热敏性物料不会产生过热，对颗粒物料不会压馈和磨碎，对比重悬殊和颗粒不同的物料混合不会产生分层离析现象，对粗粒、细粒和超细粒，纤维或片状的混合也有很好的适应性。

2. 工作原理

双螺旋锥形混合机筒体内，两只非对称排列螺旋的快速自转将物料向上提升形成两股非对称沿筒壁自下向上的螺柱形物料流，转臂慢速公转运动，使螺旋外的物料，不同程度进入螺柱包络线内，一部分物料被错位提升，另一部分物料被抛击螺柱，从而达到全圆周方位物料的不断更新扩散，被提到上部的两股物料再向中心凹穴汇合，形成一股向下的物料流，补充了底部的空穴从而形成对流循环的三重混合效果。混合速度快，混合质量均匀，因而对相对密度悬殊、混合比悬殊物料混合更适合。密封无尘，操作简单、运行安全、维修方便，使用寿命长（见图 3-1）。

3. 摆线针轮减速机型结构特点

摆线针轮减速机型结构是由电机（或者防爆电机）、减速机、筒盖、传动部分、筒体、螺旋、出料阀、喷液装置等部分组成。

（1）减速机　行星摆线针轮、双级、双出轴减速机，输出公转、自转两种速度。

（2）筒盖部分　筒盖支撑着整个传动部分，传动部分用螺栓固定在筒盖上，筒盖上设有若干开孔，供进料、观察、清洗、维修备用。

（3）传动部分　由减速机经传动分配箱，使转臂、传动头、螺旋作行星式公转、自转运动。

（4）筒体部分　筒体为锥型结构，使出料迅速、不积料、无死角。

（5）螺旋部分　筒体内两只非对称排列的螺旋杆作自转，并在分配箱的传动下作公转行星运动，在筒体的范围内翻动物料，使物料快速达到均匀混合。

（6）出料阀　出料阀安装在筒体底部，用于控制物料以及放料。一般出料阀可分为手动、气动和电动三种形式。

（7）喷液装置　喷液装置由管件、喷头部件组成，并固定在筒盖上。

4. 蜗轮蜗杆机型结构特点

蜗轮蜗杆机型的结构特点与摆线针轮减速机型的结构特点基本相同，可以参照结构示意图 3-1。

（1）喷液装置　喷液装置由旋转头和喷液部件组成。喷液部件用法兰固定传

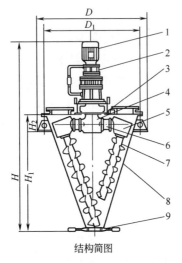

0.02~0.5m³简图

结构简图

1—电机；2—减速机；3—喷液装置；
4—分配箱；5—传动头；6—转臂；
7—螺旋轴；8—筒体；9—出料阀

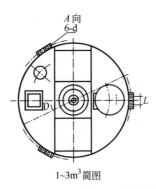

1~3m³简图

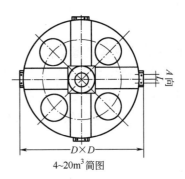

4~20m³简图

图 3-1 双螺旋锥形粉料混合机结构简图

动分配箱下端盖上，由公转带动一起运转，旋转接头和喷液部件为活动连接，以便旋转接头固定在管道上。

（2）传动部分 由公转电机和自转电机的运动，通过蜗轮蜗杆（摆线针轮减速机）、齿轮调整到合理的速度，然后传递给螺旋杆实现公转、自转两种运动。

（3）筒盖部分 筒盖支撑着整个传动部分，传动部分用螺栓固定在筒盖上，筒盖上设有若干开孔，供进料、观察、清洗、维修备用。

（4）螺旋部分 筒体内两只非对称排列的螺旋杆作自转，并在分配箱的传动下作公转行星运动，在较大的范围内翻动物料，使物料快速达到均匀混合。

（5）筒体部分 筒体为锥型结构，使出料迅速、不积料、无死角。

（6）出料阀 出料阀安装在筒体底部，用于控制物料以及放料。出料阀可分为手动、气动和电动三种形式。

5. 安装顺序以及调试

（1）混合机应垂直安装，焊好平台支承架处，用铁板进行调整水平，紧定机器支架螺栓螺母。

（2）使用前应根据物料要求进行清洗设备。

（3）操作人员必须熟识使用说明书、有关要求规程和性能。

（4）摆线针轮减速机型，起动试车空转 30min。

（5）注意：标记、螺旋方向进行确定，将物料向上提升，不得反转，由线路交换电机方向。

（6）蜗轮蜗杆机型，启动时先开自转，后开公转；停机时先停公转，后停自转。不得反向运转，会造成故障。

例：DSH 型双螺旋锥形混合机技术参数见表 3-7。

表 3-7 DSH 型双螺旋锥形混合机部分型号的技术参数表

型　号	DSH0.3	DSH0.5	DSH1	DSH2	DSH4	DSH6	DSH10
全容积/m³	0.3	0.5	1	2	4	6	10
装载系数	0.6(相对密度≥1.2 时装载量按比例减少)						
工作条件	常温、常压、粉尘密封						
每次产量/(t/h)	0.3～1	0.5～1.5	2～2.5	3～5	5～10	7～15	10～25
功率/kW	3	3	4	5.5	11	15	18.5
公转	2	2	2	2	1.8	1.8	1.8
自转	108	108	57	57	57	57	57
物料粒度/目	20～500						
混合均匀度相对偏差/8%	<1.5						
混合时间/min	6～8(特殊物料由实验确定)						
整机重量/kg	500	1000	1200	1500	2800	3500	4500

6. 调整故障说明

（1）混合机在使用中，由于用户使用操作不当，电机运转方向不对，硬质物块落入筒体内，混合量超载等，出现故障，造成螺旋轴碰壁、卡死、烧坏电机等现象要及时处理。

（2）调整看图：先关电源，拆下出料阀，将筒体内的物料放完，用手转动电机轴，观察故障位置，使传动部件在进料口下面，从进料口处松传动头或转臂连接螺丝，进行调整，紧定螺丝，再用手转动电机轴检查，正常后装上出料阀，空转 3min，是否有其他状况，完好后投入使用。

（3）出料阀发生运转困难，可适当调整间隙，以不漏粉为宜，液体出料阀更换密封件。

（4）易损件、标准零部件或非标准零部件的采购、加工可与生产厂家具体接洽。

二、产品出厂检测设备

根据国家标准 GB 50208—2011 对产品成品的现场抽检要求，产品在出厂时应对产品的抗折强度、湿基面的黏结强度和抗渗性做出厂检测，以保证产品出厂质量。出厂检测设备主要包括：①抗折试验机；②混凝土抗渗仪；③旋转黏度计；④净浆搅拌机；⑤凝结时间测定仪等。

水泥基渗透结晶型防水材料的检测设备详见第四章第二节。

第四章 水泥基渗透结晶型防水材料的检验

第一节 水泥基渗透结晶型防水材料的试验方法

一、检验的特点和范围

水泥基渗透结晶型防水材料的检测特点是：检测内容全面，检测时间较长。

水泥基渗透结晶型防水材料的检测范围有两种形式：产品的出厂检验和型式检验、材料进场的抽样检验（施工现场抽验）。

1. 产品的出厂检验项目

水泥基渗透结晶型防水涂料的出厂检验项目为表 1-1 中的含水率、细度、施工性、湿基面黏结强度和 28d 砂浆抗渗性能；水泥基渗透结晶型防水剂的出厂检验项目为表 1-2 中的含水率、细度、总碱度、减水率、抗压强度比和 28d 混凝土抗渗性能。

2. 产品的型式检验项目

产品的型式检验项目包括 GB 18445—2012《水泥基渗透结晶型防水材料》国家标准第 6 章的全部要求。即水泥基渗透结晶型防水涂料应检验表 1-1 中的全部项目，水泥基渗透结晶型防水剂应检验表 1-2 的全部项目。

3. 材料进场抽样检验项目

GB 50208—2011《地下防水工程质量验收规范》国家标准对无机防水涂料进场抽样检验的项目为：外观、抗折强度、黏结强度和抗渗性。

二、检验方法

GB 18445—2012《水泥基渗透结晶型防水材料》国家标准对水泥基渗透结晶型防水材料的检验方法规定如下。

（一）规范性引用文件

下列文件对于本文件的应用是必不可少的。凡是注日期的引用文件，仅注日期的版本适用于本文件。凡是不注日期的引用文件，其最新版本（包括所有的修改单）适用于本文件。

GB 175—2007《通用硅酸盐水泥》

GB/T 176—2008《水泥化学分析方法》

GB 8076—2008《混凝土外加剂》

GB/T 8077—2012《混凝土外加剂匀质性试验方法》

GB/T 14684—2011《建设用砂》

GB/T 14685—2011《建设用卵石、碎石》

GB/T 17671—1999《水泥胶砂强度检验方法（ISO 法）》

GB/T 50082—2009《普通混凝土长期性能与耐久性能试验方法标准》

JC 474—2008《砂浆、混凝土防水剂》

JC 475—2004《混凝土防冻剂》

JC/T 547—2017《陶瓷砖胶黏剂》

JC/T 681—2005《行星式水泥胶砂搅拌机》

JC/T 726—2005《水泥胶砂试模》

JC/T 841—2007《耐碱玻璃纤维网布》

JG/T 26—2002《外墙无机建筑涂料》

JGJ 63—2006《混凝土用水标准（附条文说明）》

JGJ/T 70—2009《建筑砂浆基本性能试验方法标准》

（二）试验方法

1. 一般规定

（1）试验用原材料

① 水泥：符合 GB 175—2007 的 P·O 42.5 水泥。

② 拌合水：符合 JGJ 63—2006 的规定。

③ 砂浆试验用的砂：符合 GB/T 17671—1999 规定的 ISO 标准砂。

④ 混凝土试验用的细集料：符合 GB/T 14684—2011 的中砂，细度模数为 2.6～2.8。

⑤ 混凝土试验用的粗集料：符合 GB/T 14685—2011 的 5～20mm 连续级配的碎石。

⑥ 标准混凝土板：符合 JC/T 547—2017 附录 A 的要求。

⑦ 耐碱玻璃纤维网格布：符合 JC/T 841—2007 中 2mm×2mm 孔、标称单位面积质量为 151～160g/m² 。

（2）配合比

① 制备水泥基渗透结晶型防水涂料试验用的基准砂浆和基准混凝土的配合比参见附录 A，应根据原材料情况调整配合比。基准砂浆和基准混凝土 28d 抗渗压力应为 $0.4^{+0.0}_{-0.1}$ MPa。基准混凝土配合比中水泥用量不得低于 $250 kg/m^3$。

② 水泥基渗透结晶型防水涂料所有试验项目的用水量采用工程实际使用推荐的用水量。试验涂层防水涂料的用量为 $1.5 kg/m^2$。

③ 制备水泥基渗透结晶型防水剂试验用的基准混凝土与受检混凝土的配合比设计、搅拌方式除抗渗性能外应符合 GB 8076—2008 的要求。防水剂掺量根据各生产厂的推荐掺量。抗渗性能基准混凝土的制备可参照附录 A 的配合比，基准混凝土 28d 抗渗压力应为 $0.4^{+0.0}_{-0.1}$ MPa，并且所用配合比中水泥用量不得低于 $250 kg/m^3$。

（3）砂浆或混凝土搅拌　砂浆搅拌采用符合 JC/T 681—2005 的行星式水泥胶砂搅拌机，按 GB/T 17671—1999 规定搅拌砂浆。混凝土搅拌采用单卧轴式强制搅拌机或其他类型的强制式搅拌机，应保证混凝土搅拌均匀，并且每次搅拌用量不少于搅拌机额定搅拌量的 1/4 也不超过 3/4。先加入砂石等粗细集料，再加入水泥，搅拌均匀后加入水再次搅拌。防水剂的加入方式可由生产企业推荐，将防水剂加入水泥或水中搅拌均匀后再加入砂石拌和。总搅拌时间为 3～5min。

（4）试件制备及养护

① 砂浆试件制备及养护　砂浆试件制备按 JGJ/T 70—2009 进行，砂浆试件预养护温度为（20±2）℃，预养护时间为 1d。

② 混凝土试件制备及养护　混凝土试件制备按 GB/T 50082—2009 进行，混凝土试件预养护温度为（20±3）℃，预养护时间为 1d。

③ 标准养护条件　环境温度（20±2）℃，湿度大于 95%。

④ 基准试件和涂层试件养护　基准试件和涂层试件浸在深度为试件高度 3/4 的水中养护（涂层面不浸水），水温为（20±2）℃。环境湿度大于 95%。

2. 水泥基渗透结晶型防水涂料

（1）外观　目测。

（2）含水率　按 JC 475—2004 附录 A 进行。

（3）细度　按 GB/T 8077—2012 第 6 章进行，采用 0.63mm 的筛。

（4）氯离子含量　按 GB/T 176—2008 进行。

（5）施工性　按 JG/T 26—2002 规定进行。从干粉加水搅拌开始计时，按 GB/T 17671—1999 标准搅拌程序搅拌后，用刷子在标准混凝土板或石棉水泥板上涂刷。如果涂刷顺利，则表明刮涂无障碍；将余料用湿布覆盖搅拌锅，20min 后在搅拌机中用高速搅拌 30s 后，再次用刷子进行涂刷。如涂刷顺利，则表明刮涂无障碍。

（6）抗折、抗压强度　按 GB/T 17671—1999 规定进行。试模采用 40mm× 40mm×160mm 的三联模，成型一组。试件成型后移入标准养护室养护，1d 后脱模，继续在标准条件下养护，但不能浸水。试验龄期为 28d，试验步骤与结果计算按照 GB/T 17671—1999 规定进行。

（7）湿基面黏结强度

① 试验仪器

a. 拉伸强度试验仪　拉伸黏结强度使用的试验仪器应有足够的灵敏度及量程，应能通过适宜的连接方式并不产生任何弯曲应力，仪器精度 1%。

b. 成型框　拉伸黏结强度成型框由硅橡胶或硅酮密封材料制成（如图 4-1 所示），表面平整光滑，并保证砂浆不从成型框与混凝土板之间流出。孔尺寸为 50mm×50mm，厚度为 3mm，精确至 ±0.2mm。

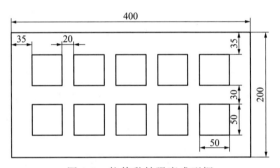

图 4-1　拉伸黏结强度成型框

c. 拉拔接头　尺寸为 (50±1)mm×(50±1)mm 并有足够强度的正方形铜板，最小厚度 10mm，有与测试仪器相连接的部件。

② 试件制备　先将标准混凝土板浸泡 24h，并清洗表面，取出后用湿毛巾擦干表面，无明水。将成型框放在混凝土板成型面上，将制备好的试样倒入成型框中，抹平，放置 24h 后脱模，10 个试件为一组（如图 4-2 所示），整个成型过程 20min 内完成。

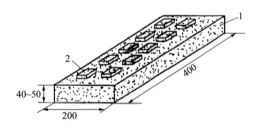

图 4-2　拉伸黏结强度试件成型示意图
1—混凝土板；2—砂浆试件。

③ 试件养护　试件脱模后的试件在标准条件下浸水养护（水浸到标准混凝土板，不要浸到涂层试件）到 27d 龄期后，用砂纸打磨掉表面的浮浆，然后用适宜的高强黏结剂将拉拔接头粘接在试件成型面上，在标准养护条件下放置 24h 后试验。

④ 试验步骤　用拉伸强度试验仪测定试件拉伸黏结强度，加荷速度（250±50）N/s。

⑤ 试验结果计算　黏结强度按式（4-1）计算：

$$P = F/S \tag{4-1}$$

式中　P——拉伸黏结强度，单位为兆帕（MPa）；

　　　F——最大破坏荷载，单位为牛顿（N）；

　　　S——黏结面积，单位为平方毫米（mm^2）（$S=2500$）。

取 10 个试件的平均值。试验结果计算精确至 0.1MPa。

（8）砂浆抗渗性能

① 试件制备

a. 基准砂浆抗渗试件制备　根据（二）1.（2）选择合适的砂浆配合比，接 JC 474—2008 中 5.2.6 成型基准砂浆抗渗试件。每次试验同时成型三组试件，每组六个试件。成型时分两层装料，采用人工插捣方式。表面用铁板刮平，放在标准养护室，静置 1d 脱模，用钢丝刷将试件两端面刷毛，清除油污，清洗干净并除去明水。

b. 带涂层的砂浆抗渗试件制备　按（二）2.（8）①a. 制备的三组试件中随机选取一组试件。防水涂料用量 1.5kg/m^2，用水量为工程实际使用推荐的用水量。采用人工搅拌，搅拌均匀后，分两层涂刷，用刷子涂刷于已处理试件的背水面。当第一次涂刷后，待涂层手触干时进行第二次涂刷。第二次涂刷后，移入标准养护室养护。

c. 去除涂层的砂浆抗渗试件制备　按（二）2.（8）①a. 制备的三组试件中随机选取另外一组试件，用符合（二）1.（1）⑦的网格布裁剪成比试件背水面尺寸略大的覆面材料，将其覆盖在试件背水面，按（二）2.（8）①涂刷两遍于所测试件，注意涂刷过程中不要移动网格布。当第一次涂刷后，待涂层手触干时进行第二次涂刷。第二次涂刷后，移入标准养护室养护。

② 试件养护　基准砂浆、带涂层砂浆和去除涂层砂浆的抗渗试件在标准养护室养护 1d，尔后按（二）1.（4）④进行浸水养护 27d。

③ 试验步骤

a. 养护到龄期 27d 三组试件一起取出。将基准砂浆和带涂层砂浆两组抗渗试件擦拭干净后晾干待测。将去除涂层一组砂浆抗渗试件，采用角向磨光机或其他的打磨设备，将网格布表面的涂层去除，并去除网格布。注意在打磨过程中不要破坏网格布覆盖下的抗渗试件，将试件清洗干净后晾干待测。

b. 28d 基准砂浆、带涂层砂浆和去除涂层砂浆试件的抗渗压力按 JC 474—2008 中 5.2.6 进行。

④ 试验结果

a. 砂浆抗渗试验时，六个试件出现第三个渗水时停止试验，将该试件出现渗水时的压力减去 0.1MPa 记为砂浆抗渗压力。

b. 基准砂浆抗渗压力应为 $0.4^{+0.0}_{-0.1}$MPa。若不符合要求，则本批三组砂浆抗渗试验无效，应重新成型试件进行试验。

c. 抗渗压力比为同龄期的带涂层和去除涂层砂浆试件的抗渗压力与基准砂浆试件的抗渗压力之比。

(9) 混凝土抗渗性能

① 试件制备

a. 基准混凝土抗渗试件制备　根据 (二)1.(2) 选择合适的混凝土配合比，按 GB/T 50082—2009 成型基准混凝土抗渗试件。每次试验同时成型三组混凝土抗渗试件，每组六个试件。成型时分两层装料，采用人工插捣方式。表现用铁板刮平。放在标准养护室，静置 1d 脱模，用钢丝刷将试件两端面刷毛，清除油污，清洗干净并除去明水。

b. 带涂层的混凝土抗渗试件制备　按 (二)2.(9)①a. 制备的三组试件中随机选择一组试件。防水涂料用量 1.5kg/m²，用水量为工程实际使用推荐的用水量。采用人工搅拌，搅拌均匀后，分两层涂刷，用刷子涂刷于已处理试件的背水面，当第一次涂刷后，待涂层手触干时进行第二次涂刷。第二次涂刷后，移入标准养护室养护。

c. 去除涂层的混凝土抗渗试件制备　按 (二)2.(9)①a. 制备的三组试件中随机选取另外一组试件，用符合 (二)1.(1)⑦的网格布裁剪成比试件背水面尺寸略大的覆面材料，将其覆盖在试件背水面，按 (二)2.(9)①b. 涂刷两遍于所测试样，注意涂刷过程中不要移动网格布，当第一次涂刷后，待涂层手触干时进行第二次涂刷，第二次涂刷后，移入标准养护室养护。

② 试件养护　基准混凝土、带涂层混凝土和去除涂层混凝土的抗渗试件在标准养护室养护 1d，尔后按 (二)1.(4)④进行浸水养护 27d。

③ 试验步骤

a. 养护到龄期 27d 三组试件一起取出。将基准混凝土和带涂层混凝土两组抗渗试件擦拭干净后晾干待测。将去除涂层一组混凝土抗渗试件，采用角向磨光机或其他的打磨设备，将网格布表面的涂层去除，并去除网格布，注意在打磨过程中不要破坏网格布覆盖下的抗渗试件，将试件清洗干净后晾干待测。

b. 28d 基准混凝土、带涂层混凝土和去除涂层混凝土试件的抗渗压力按 GB/T 50082—2009 进行。

c. 将第一次抗渗试验后的带涂层混凝土试件（该组试件第一次抗渗试验必须将六个试件全部进行到渗水）在标准养护条件下，水中带模养护至56d，测定其第二次抗渗压力。

④ 试验结果

a. 混凝土抗渗试验时，六个试件出现第三个渗水时停止试验，将该试件出现渗水时的压力减去0.1MPa记为混凝土抗渗压力。带涂层混凝土抗渗试验六个试件全部出现渗水时方可停止试验。抗渗压力同样为出现第三个渗水时的试件的压力减去0.1MPa。

b. 基准混凝土抗渗压力应为$0.4^{+0.0}_{-0.1}$MPa。若不符合要求，则本批三组混凝土抗渗试验无效，应重新成型试件进行试验。

c. 抗渗压力比为同龄期的带涂层和去除涂层混凝土试件的抗渗压力与基准混凝土试件的抗渗压力之比。

3. 水泥基渗透结晶型防水剂

（1）外观　目测。

（2）含水率　按JC 475—2004附录A进行。

（3）细度　按GB/T 8007—2012第6章进行，采用0.63mm筛。

（4）氯离子和总碱量　氯离子含量以及总碱量按GB/T 176—2008进行。

（5）减水率、含气量、凝结时间差、抗压强度比和收缩率比　按GB 8076—2008的规定进行。

（6）混凝土抗渗性能

① 按照GB/T 50082—2009成型基准混凝土与掺防水剂混凝土的抗渗试件两组，每组六个试件。防水剂掺量由生产厂推荐。浸水养护，28d进行抗渗试验，即得到基准混凝土与掺防水剂混凝土的抗渗压力。第一次抗渗试验需要将所有六个试件均出现渗水为止。随后带模，在标准养护条件下继续养护至56d，进行抗渗试验，得到基准混凝土与掺防水剂混凝土的第二次抗渗压力。

② 每组六个试件中至第三个试件出现透水时，记录此时的压力减去0.1MPa后的数值为该组混凝土试件的抗渗压力。

③ 基准混凝土抗渗压力应为$0.4^{+0.0}_{-0.1}$MPa。若不符合要求，则本批两组混凝土抗渗试验无效，应重新成型试件进行试验。

④ 抗渗压力比为同龄期掺防水剂混凝土试件的抗渗压力与基准混凝土试件的抗渗压力之比。

（三）检验规则

1. 检验分类

按检验类型分为出厂检验和型式检验。

（1）出厂检验　CCCW C的出厂检验项目为表1-1中的含水率、细度、施工性、湿基面黏结强度和 28d 砂浆抗渗性能。

CCCW A 的出厂检验项目为表 1-2 中的含水率、细度、总碱量、减水率、抗压强度比和 28d 混凝土抗渗性能。

（2）型式检验　型式检验项目包括 GB 18445—2012《水泥基渗透结晶型防水材料》国家标准第 6 章的全部要求。在下列情况下进行型式检验；

a）新产品投产或产品定型鉴定时；

b）当原材料和生产工艺发生变化时；

c）正常生产时，每一年进行一次；

d）出厂检验结果与上次型式检验结果有较大差异时；

e）产品停产六个月以上恢复生产时。

2. 组批

连续生产，同一配料工艺条件制得的同一类型产品 50t 为一批，不足 50t 亦按一批计。

3. 抽样

每批产品随机抽样，抽取 10kg 样品，充分混匀。取样后，将样品一分为二。一份检验，一份留样备用。

4. 判定规则

按标准规定的方法试验，若全部试验结果符合标准规定时，则判该批产品合格；若有两项或两项以上不符合标准要求，则判该批产品不合格。若结果中仅有一项不符合标准要求，可用留样对该项目复检。若该复检项目符合标准规定，则判该批产品合格；否则，则判该批产品不合格。

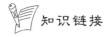 知识链接

JC 475—2004 附录 A（资料性附录）
基准砂浆和基准混凝土试件的配合比

A.1　原材料

基准砂浆和基准混凝土的原材料包括：

——水泥：符合 GB 175—2007 的 P·O42.5 水泥；

——砂浆用砂：符合 GB/T 17671—1999 规定的 ISO 标准砂；

——混凝土用集料：集料颗粒尺寸分布服从图 A.1 的连续级配曲线。可以用不同级别的砂和细石复配；

——保水剂：黏度大于 20000mPa·s 的纤维素醚。

A.2　基准砂浆配合比

基准砂浆配合比如下：

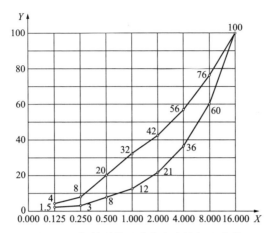

图 A.1　集料颗粒尺寸分布连续级配曲线
X—表观孔径尺寸；Y—通过率的质量分数，%。

——水泥：320～340g；

——ISO 标准砂：1350g；

——水：260g；

——纤维素醚：0.5g。

注：水泥用量根据水泥品种和强度等级的不同自行调整。纤维素醚根据需要决定是否添加。

A.3　基准混凝土配合比

基准混凝土配合比如下：

——水泥：250kg/m³；

——标准级配的集料：1750kg/m³；

——水：250kg/m³。

注：该配合比仅供参考，根据水泥以及原材料的不同，可自行调整，但水泥用量不得低于 250kg/m³。

第二节　检测设备

水泥基渗透结晶型防水材料的检测设备主要有：水泥净浆搅拌机、混凝土振动台、混凝土搅拌机、混凝土抗渗仪、抗折试验机、拉力试验机、砂浆凝结时间测定仪、砂浆黏度计、烧箱、电子秤、pH 计、碱含量测定仪、混凝土标准养护箱、干燥箱、雷氏夹、压力试验机、沸煮箱、试验筛等。

上述检测设备的主要技术参数、用途、工作原理、使用方法、设备保养等，根据生产厂家提供的产品数据，有选择地做介绍如下。

一、水泥净浆搅拌机

1. 用途和适用范围

水泥净浆搅拌机是指将按照标准规定的水泥和水混合后搅拌成均匀的，供水泥标准稠度用水量、凝结时间、安定性等项目的检验方法及其他试验方法所需的水泥净浆的制备，所用的一类试验设备。是生产厂、建筑施工单位、有关大专院校和科研单位试验室不可缺少的设备。

水泥净浆搅拌机主要由搅拌锅、搅拌叶片、传动机构和控制系统组成，搅拌叶片在搅拌锅内做旋转方向相反的公转和自转，并可在竖直方向调节。搅拌锅可以升降，传动结构保证搅拌叶片按规定的方向和速度运转，控制系统具有按程序自动控制与手动控制两种功能。

2. 主要技术参数

水泥净浆搅拌机现已发布了 JC/T 729—2005《水泥净浆搅拌机》建材行业标准。水泥净浆搅拌机的技术要求如下。

(1) 搅拌叶片高速与低速时的自转和公转速度应符合表 4-1 的要求。

表 4-1　搅拌叶片高速与低速时的自转和公转速度

搅拌速度	自转/(r/min)	公转/(r/min)
慢速	140±5	62±5
快速	285±10	125±10

(2) 搅拌机拌和一次的自动控制程序：慢速（120±3）s，停拌（15±1）s，快速（120±3）s。

(3) 搅拌锅：①搅拌锅由不锈钢或带有耐蚀电镀层的铁质材料制成，形状和基本尺寸如图 4-3 所示；②搅拌锅深度（139±2）mm；③搅拌锅内径（160±1）mm；④搅拌锅壁厚≥0.8mm。

(4) 搅拌叶片：①搅拌叶片由铸钢或不锈钢制造，形状和基本尺寸如图 4-1 所示；②搅拌叶片轴外径为 $\phi(20.0\pm0.5)$mm；与搅拌叶片传动轴连接螺纹为 M16×（1～7）H-L；定位孔直径为 $\phi12^{+0.043}_{0}$mm，深度≥32mm；③搅拌叶片总长（165±1）mm；搅拌有效长度（110±2）mm；搅拌叶片总宽 $111.0^{+1.5}_{0}$mm；搅拌叶片翅外沿直径：$\phi5^{+1.5}_{0}$mm。

(5) 搅拌叶片与锅底、锅壁的工作间隙：（2±1）mm。

(6) 在机头醒目位置标有搅拌叶片公转方向的标志。搅拌叶片自转方向为顺时针，公转方向为逆时针。

(7) 搅拌机运转时声音正常，搅拌锅和搅拌叶片没有明显的晃动现象。

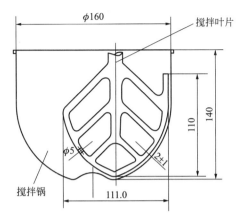

图 4-3　搅拌锅和搅拌叶片的形状和基本尺寸（单位：mm）

（8）搅拌机的电气部分绝缘良好，整机绝缘电阻≥2MΩ。

（9）搅拌机外表面不得有粗糙不平及未规定的凸起、凹陷。

（10）搅拌机非加工表面均应进行防锈处理，外表面油漆应平整、光滑、均匀和色调一致。

（11）搅拌机的零件加工面不得有碰伤、划痕和锈斑。

3. 主要结构及工作原理

（1）结构　主要由底座、立柱、减速箱、滑板、搅拌叶片、搅拌锅、双速电动机组成。

（2）工作原理　双速电动机轴由连接法兰与减速箱内蜗杆轴连接，经蜗轮减速使蜗轮轴带动行星定位套同步旋转，固定在行星定位套上偏心位置的叶片轴带动叶片公转。固定在叶片轴上端的行星齿轮围绕固定的内齿圈完成自转运动。双速电机经时间控制器控制自动完成一次，速度由慢到快中间停一次的规定工作程序。搅拌锅与滑板用片心槽旋转锁紧。

4. 安装

机器不需特制基础及地脚螺钉，只需将设备放置在平整的水泥平台上，并垫一层厚 5～8mm 橡胶板。

电源及安全接地：机器出厂带 2m 长电源进线及四芯插头一只，必须确保相线和零线无误才能通电。出厂时电器绝缘已达标。为了充分保证用电安全，应将机身安全接地标志用不小于 1mm² 截面积的多股塑料铜芯线可靠接地。

5. 操作与使用

先把三位开关（1K，2K）都置于停，再将时间程控器插头插入面板的"程控输入"插座，然后方可接通电源。

自动搅拌操作：把 1K 开关置于自动位置，即完成慢搅 120s，停 10s 后报警

5s 共停 15s，快搅 120s 的动作，然后自动停止。

当一次自动程序结束后，若将 1K 置于停，再将 1K 开关置于自动，又开始执行下一次自动程序。

每次自动程序结束后，必须将 1K 置于停，以防停电后程控器误动作。

手动搅拌操作：把 1K 开关置于手动位置，再将三位开关 2K 置于慢、停、快、停，则分别完成各个动作，人工计时。

搬动手柄可使滑板带动搅拌锅沿立柱的导轨上下移动。上移到位后旋紧定位螺钉即可搅拌，卸下搅拌锅与之相反。

6. 调整与保养

（1）调整　一般出厂前已将搅拌叶与搅拌锅之间的工作间隙调整好了，经试车后或维修时确需调整，方法如下。

搅拌叶片与搅拌锅之间的工作空隙使用随机所配间隙量针测量，若超过 (2 ± 1) mm，可松开调节螺母，旋转叶片，合格后再拧紧调节螺母，或松开电机与立柱、减速箱法兰与电机连接的螺钉，合格后再拧紧螺钉。

（2）保养　应保持工作场地清洁，每次使用后应彻底清除搅拌机叶片与搅拌锅内外残余净浆，并清扫散落和飞溅在机器上的灰浆及脏物，揩干后套上护罩，防止落入灰尘。

减速箱内蜗轮副、齿轮副轴承等运动部件，每季加二硫化钼润滑脂一次，加油时可分别打开轴承盖。滑板与立柱导轨及各相对运动零件的表面之间应经常滴入机油润滑。每年应将机器全部清洗一次，加注润滑剂。

机器运转时遇有金属撞击噪声，应先检查搅拌叶与搅拌锅之间的间隙是否正确。

当更换新的搅拌锅或叶片时，均应按前述方法调整间隙。

使用搅拌锅时要轻拿轻放，不可随意摔碰，以防锅子变形。

应经常检查电气绝缘情况。在 (20 ± 5)℃，相对湿度 50%～70% 时的冷态绝缘电阻 ≥5MΩ。

二、单卧轴式混凝土搅拌机

1. 用途

本机适用于建筑科研单位和建筑公司及混凝土构件单位试验室，可搅拌普通混凝土、轻质混凝土及干硬性混凝土，也可应用到其他行业试验室对不同物料进行搅拌。

本机操作方便，搅拌效率高，残余量小，清洗方便，是较为理想的试验室用混凝土搅拌设备。

2. 主要技术参数

HJW-30 型

进料容量　48L

出料容量　30L

最大出料容量　33L

搅拌机转速　48r/min

搅拌均匀时间　≤45s

电动机功率　1.5kW

电源电压　380V

产品净重　约300kg

HJW-60 型

进料容量　96L

出料容量　60L

最大出料容量　66L

搅拌机转速　48r/min

搅拌均匀时间　≤45s

电动机功率　2.2kW

电源电压　380V

产品净重　约380kg

3. 结构工作原理

本机是由机架，搅拌装置，传动系统，限位装置及电器控制系统所组成。

机架是整个设备的支撑部，由槽钢焊接而成，搅拌装置由搅拌筒、搅拌轴、搅拌铲片所组成，搅拌铲固定在搅拌臂上，并且与搅拌轴组成一体形成两组螺旋方向相反，但导程及螺旋升角相同的螺旋带状搅拌铲，搅拌铲与搅拌筒内壁的间隙可微量调整。

传动机构是由减速电机和联轴器组成，筒体限位装置由锁定销及定位孔组成，电器控制系统具有启动、点动、停止、定时的功能。

工作原理：减速电机通过联轴器使搅拌轴沿一个方向旋转，搅拌轴上的正反两组铲片搅拌物料，由于螺旋升角的作用，铲片工作时使筒内的物料由一侧推向另一侧，又由另一侧推回原处的循环动作，使物料得到充分的搅拌，从而获得较理想的搅拌效果。

卸料时须停机，打开锁定销，使筒体旋转一定角度，再限位，按点动按钮，实现拌合物排出筒外。

4. 安装

机器拆箱后应检查减速电机、料筒、轴承座等在运输中有无损坏，紧固件有无松动。若有松动应拧紧，支撑地为平整的混凝土地面，搅拌机搬运时应用绳索系在机架上，不可套系在搅拌轴上。搅拌机底座下面安装有脚轮，可任意移动。

5. 操作程序

（1）启动前首先检查旋转部分与料筒是否有刮碰现象，如有刮碰现象应及时调整。

（2）清理料筒内的杂物。

（3）启动前应将筒体限位，方能启动。

（4）搅拌轴旋转方向按筒体端面标记所示。

（5）装入的混凝土物料必须清除金属或其他杂物。

（6）根据搅拌时间调整搅拌器的定时，注意必须在断电情况下调整。

（7）按动启动按钮，主轴便带动搅拌铲运转。

（8）达到调定时间后自动停车。

（9）卸料时应先停机，打开锁定销，搬动手柄使料筒旋转到一定位置，再使锁紧销定位旋转主轴，使拌和料排出筒外。

（10）拌和料排净后使筒体复位，将搅拌筒用锁定销定位。

（11）清洗料筒可将水倒入料筒使主轴旋转进行冲洗，也可用干砂清洗。

三、电动抗折试验机

1. 用途

抗折试验机主要作为水泥厂、建筑建工单位及机关专业院校、科研单位做水泥软练胶砂抗折强度检验用，并可用作其他非金属脆性材料的抗折强度检验。

抗折试验机可单杠杆及双杠杆使用，单杠杆使用时最大出力为 1000N，双杠杆使用时最大出力为 5000N，试验机标尺有专为水泥软练胶砂抗折强度与抗力的换算刻度，最大出力为 1000N 时，读出精度为 1N 及 0.02MPa，最大出力为 5000N 时，读出精度为 2N 及 0.01MPa。

2. 机器主要技术参数

（1）杠杆出力比（上梁臂距比）（最大）：10:1。

（2）双杠杆出力比（下梁臂距比）（最大）：50:1。

（3）最大出力单杠杆：1000N。双杠杆：5000N。

（4）加荷速度单杠杆比：10N/s。双杠杆：50N/s。

（5）抗折夹具：加荷辊及支撑辊直径，ϕ10mm；支撑辊距，1000mm；拉架板间距，46mm。

（6）出力误差：±1%。

（7）感量：双杠杆时校正杠杆平衡，使杠杆水平离支点 500mm 处加 1g，杠杆倾角 1/50。

（8）外形尺寸：（长×宽×高）1075mm×250mm×760mm。净重：约 85kg。

3. 机器的结构

试验机由底座、立柱、上梁、拉杆、大下杠杆、扬角指示板、抗折夹具、游动砝码、大小平衡砣、传动电机、传动丝杠及电器控制箱等零部件组成。

4. 仪器的使用、调整与维修

试验机在无振动环境中直接放在平台上使用，平台必须校正水平（1/1000）。

做抗力 5000N 范围内的试验时（双杠杆使用）将抗折夹具挂在小杠杆的中间刀刃上，如做抗力 1000N 范围内的试验时（单杠杆使用），则必须卸下小杠杆及原联结下大杠杆和刀承座并将夹具上部借拉杆（长的一根）联结于大杠杆上，下半部则从原位旋出拧入与上半部相对位置的底座上的螺母中。

试验前，首先接通电源，按下游动砝码上的按钮，用手推动游动砝码左移，使游动砝码上的零线对准标尺的零线，放开按钮后对准的零线可能会有所移动，此时可用手在丝杠右端的滚花部分转动丝杠。移动游动砝码，使两根零线重合，调整处于扬角指示板后边位的置零触头螺丝，校对游标与标尺的零线是否重合，如不重合，应重新调节置零触头螺丝，重合为止。

松动锁紧螺钉，移动大小平衡砣，使大杠杆尽量趋于平衡，然后拧动锁紧螺钉，将大平衡砣锁紧于大杠杆上，移动小平衡砣上的螺帽，使小平衡砣移动直至大杠杆完全平衡为止，然后锁紧螺钉将小平衡砣缩紧于大杠杆上，注意大小平衡砣缩紧必须可靠，以免在使用过程中由于试件断裂，大小杠杆下落时受震动而破坏了调好的平衡，将试件放于抗折夹具内，以夹具上的对准板由手感及目测对准，转动夹具下面的手轮，使下拉架上的加荷辊与试体接触并继续转动一定角度，使大杠杆有一定扬角，数值根据试体断裂的变形量决定，一般由经验估计，原则是试体在断裂时应使大杠杆尽可能处于水平位置，扬角的数值可在扬角指示板上读出，（每格为2度），按下电路控制箱上的启动按钮，电动机立即转动丝杠推动游动砝码右移，机器开始加荷，大杠杆逐渐下落，在大杠杆接近水平时，试体断裂，大杠杆下落，处于大杠杆右端头的限位开关撞板推动限位开关，断开电动机电源，电动机立即停止，此时便可以从游标的刻线与标尺，读出试体的抗折强度值，至此一次试验结束。

按下按钮，即可推动游标砝码左移，直至与置零触头螺丝接触，游动砝码复位，接着便可以做第二次试验。

在使用过程中，应经常检查游动砝码与置零触头螺丝刚好接触时游标零线与标尺零线是否重合，如不重合，应预调整（调整方法如上所述），移动游动砝码与置零触头接触时的撞击应尽量小，以免损坏置零触头及走动调整好的零位。

机器在使用过程中必须保持洁净、干燥，特别是各刀刃及刀刃承以免生锈，降低灵敏度。刀刃及刀刃承间不得有任何润滑油，以免粘住灰尘，阻滞杠杆运行，影响灵敏度与正确度，使用完毕应将机器罩上，防止灰尘。

大杠杆左端限位开关撞板必须调到大杠杆下落到底时，限位开关刚刚动作，以免撞坏限位开关，如加载用的游标砝码在杠杆上，未按下按钮时不应有过大的左右窜动，使用时间久了，游标砝码在丝杠上有明显颤动现象时，可更换半螺母。

四、自动调压混凝土抗渗仪

1. 概述

混凝土是现在建筑中被广泛应用的一种人造石材，对于某些建筑例如：水工建筑、地下和其他建筑工程，要求混凝土的构筑物具有特殊的抗渗性能，所谓抗渗性能是指混凝土抵抗水或其他液体（轻油、重油等）介质在压力作用下渗透的性能。

自动调压混凝土抗渗仪由微电脑控制器取代电接点压力表和电气控制部分，无须每隔八小时人工调压一次，控制精度高，反应速度快，技术性能稳定可靠，电路和面板设计合理，操作使用方便。

2. 主要技术性能

（1）允许最大工作压力：4MPa/cm。

（2）工作方法：自动调压。

（3）一次可做试件数：6个。

（4）试模几何尺寸：上口内径 175mm，下口径 185mm，高度 150mm。

（5）柱塞泵参数：柱塞直径 10mm，行程 10mm，往复频率 154 次/min，流量 0.11L/min。

（6）电动功率：90W。转速：1390r/min。

3. 结构原理

自动调压混凝土抗渗仪是利用密封容器和与其连通连接的管路系统各处的压强相等（忽略水头不计），以水泵施压，并通过自动控制仪表，保持压力在规定的范围内来进行试验的简易装置。

自动调压混凝土抗渗仪由机架、试模、分离器、水泵、蓄水罐和自动控制仪表组成。各部分的结构和作用分述如下。

（1）机架和试模部分　机架是采用型钢焊接而成，上面铺上 1.5mm 厚的钢板托盘，用 M10 的螺栓将试模座托盘固定在托架上。试模与试模座通过 M12 的螺栓连接中间的"O"形橡胶圈起密封作用，试件是用生铁成型封装在试模中，紧固试模采用专用的内六方扳手。

（2）分离器部分　分离器是将阀门和一个回水阀集中安装在仪器前面，主要是控制六个试件的水路的流通或截止，并以回水阀门作用于减压装置。

（3）水泵部分　水泵是以 90W 电动机为动力源，通过两极齿轮变速，带动偏心轴旋转。然后再通过导柱和连杆而驱动柱塞做往复运动而进行工作。由于水泵的流量很小，因此可近似的认为供给试件的水压为静态。

（4）蓄水罐部分　蓄水罐是储水的容器，还可起压力水减级冲击作用。试验前用附件漏斗，通过注水嘴将水注入储水罐中，试验完毕后，将罐内水通过放水嘴放尽。

（5）自动控制仪表部分　参照仪器中附带的说明书。

4. 试验步骤

（1）试件成形和养护：用成形模并根据设计要求的配比制作试件，然后按行业标准或国家标准的规范进行养护。

（2）在试验前一天从养护室中取出，将试模加热到 40℃ 左右，并将封闭用的蜡加热到完全融化，然后将试件圆周在融化的蜡中滚动一周，（试体两端严禁有蜡），将粘蜡的试件用压力机压入试模内。

（3）渗透试验

① 灌水：将注水嘴的螺帽拧下，同时打开各个阀门，将漏斗置于注水嘴上，灌水于蓄水罐，待其灌满后，排出管道系统内的空气，最后将六个通向试模的截门关上。

② 安装试模：将密封好的试模可靠的安装在仪器上。

a. 接通电源后，按下仪表电源按钮，此时仪表灯亮，电机不启动。

b. 按设置按钮，直至出现 AH 符号时，松开设置按钮，按动△△键，调节至此次试验最高上限数值＋0.2MPa。

c. 按设置按钮，直至出现 AL 符号时，按动△△键，调节试验下限数值，一般为 0.1MPa。

d. 设置完毕后按 MOD 确认键，5s 后如不显示零，则按清零键。

e. 水箱装满水后，按动启动开关，仪器将开始此组试验，加压 8h 将自动调压增加 0.1MPa，此程序直至连续加压达到设置上限时，此机停止工作，结束本组试验。

f. 如遇停电，本机无须重新设置，来电后可于原停机处继续加压。

g. 如采用一次加压试验法，则上限设置需高于下限设置的 0.1MPa，将下限设置于所需试验的压力。

h. 用户可根据实际使用情况，在 1～10min 内自主选择因漏水等原因加不上压的停机时间。

i. 因大面积漏水，连续加压 10min 后，该机设有自动停机保护装置，此时出现 E 符号，待排除故障后，重新开关和启动开关，机器将继续工作（如设置时间超过 10min，也视为异常，出现 E 符号，解决方法如上）。

③ 当六个试件的端面有两个压力水渗透出来时，记下此时的水压作为试验的压力值。

5. 维护保养

（1）减速箱内应注入一定量的机油，并根据情况进行更换。

（2）水泵的活塞及两导柱应经常加注机油润滑，每次加 3～4 滴即可。

（3）每次试验完毕后，应将蓄水罐、管路和泵体中的水放尽，将试模部分擦干净，并涂上防锈油。

五、混凝土振动台

1. 用途

混凝土振动台用于试验室，现场工地作试件成型和预制构件振实各种板柱、梁等混凝土构件振实成型。

2. 结构与工作原理

振动台主要由台底架、振动器弹簧等部件组成，台面与底架均用钢板和型钢焊接而成，振动台是用电动机加一对相同的偏心轮组成。并通过一对吊架联轴器安装在台面（反面）中心位置，起着振实过程中平稳、垂直方向的作用。

3. 安装使用与维修

（1）振动台安装前，应先打好基础，打基础时上平面要按水平找并按底梁螺栓孔埋好固定螺栓，然后安装，安装时固定螺栓必须拧紧。

（2）振动台安装完毕试车前，先开车 3～5min 后停车，对所有紧固螺栓进行检查，若松动须拧紧后方可使用。

（3）振动台在振动过程中，混凝土制品应牢固地紧固在振动台面上，所需振实的制品放置要与台面对称，使负荷平衡，振实制品的紧固装置用户可根据自己的需求自行设计配制。

（4）振动器轴承应经常检查，并定期拆洗，更换润滑油，使轴承保持良好的润滑，延长振动器的使用寿命。

（5）振动台应有可靠的接地线，确保安全。

4. 各种振动台主要技术规格参数

型　　号	HZJ-0.5 型	HZJ-0.8X 型	HZJ-1 型
台面尺寸/mm	500×500	800×800	1000×1000
震动频率/（次/min）	2860	2860	2860
振幅/mm	0.3～0.6	0.3～0.6	0.3～0.6
振动器功率/kW	0.55	1.1	1.5
最大载荷/kg	65	140	200

六、干燥箱

1. 用途

一般干燥箱可供工厂、科研及企事业单位用于烘焙干燥及其他加热作用，工作室尺寸有多种规格可供选用。一般干燥箱无防爆设备，严禁放入易燃、易挥发物品，以免发生爆炸。

2. 主要技术规格

工作室尺寸/mm	350×450×450	500×600×700	800×800×1000
外形尺寸/mm	540×810×820	650×960×1120	1280×1450×1500
加热功率/kW	3	4.8	8
电源电压/V	220	220	380
温度范围/℃	50～250	50～250	50～250
温度波动/℃	±1	±1	±1.5
风机功率/W	40	60	90

3. 结构

一般干燥箱由薄板及型钢构成，隔热层充填玻璃棉，工作室内臂喷耐高温银粉漆，外表喷以皱纹漆，正门打开有一层玻璃门可供观察试品用，侧门内为控制室，电器、线路均安装在控制室内，工作室底部装置加热器，箱左侧底部装有空气循环风机，加热时风机启动迫使箱内高低温气体快速对流使箱内各处温度更加均匀。

4. 工作原理与性能

干燥箱采用数显比例式温度控制仪，控制交流接触器，吸合或断开电热丝，并以确定的速度逐步加热至所需的温度。设有两组独立控制的加热开关，能很方便地控制加热功率的大小。

七、水泥混凝土标准养护箱

1. 用途

产品是按照国家对水泥混凝土及水泥制品等试样的标准养护要求而设计制造的，适用于各水泥制品厂和建筑施工单位，公路桥梁工程以及有关科研质检部门对水泥、混凝土、水泥制品试样进行强度、定型性凝结时间作标准养护。

2. 主要技术指标

（1）温度控制仪误差：±1℃。

（2）箱内温差：≤1.5℃。

（3）控制湿度：≥90%。

（4）电源电压：220V(±10%)。

（5）电源频率：50Hz。

（6）压缩机功率：125W。

（7）加热器功率：1000W。

（8）有效容积：（长×宽×高）550mm×550mm×1180mm，有多种规格可选择。

3. 结构与原理

（1）箱体由内胆、中间隔层、外壳组成。内胆采用镜面不锈钢焊接而成；外壳采用优质冷轧钢板，折弯成型；中间隔层采用保温棉填充，搁架用铝合金型材，结构坚固、造型美观、耐腐蚀性好。

（2）温湿度控制采用全集成电路数字显示，具有分辨率高、直观、调温方便、控制精度高等优点。

（3）制冷系统采用大功率压缩机，管盘式蒸发器，外露式冷凝器以提高制冷效果，箱内采用风扇进行冷热交换，使温差减少，温度更加稳定。

（4）加温采用电加热管，大功率的加热管能迅速将箱内温度提高到设定温度，利用加热产生的气体作为加湿的辅助补充。

（5）加湿采用先进的超声波加湿器，具有自动恒温控制加湿为雾状，确保箱内湿度≤90%。超声波加湿器比广泛采用的喷淋加湿方法更好一些。

4. 工作原理

当箱内温湿度高于设定温湿度时，温控器控制制冷、去湿系统工作，当箱内温湿度低于设定温湿度时，温控器控制加温、加湿系统工作，反复循环将温湿度控制在设定温湿度范围内，为了避免温控器继电器频繁动作可调节回差电位器使继电器动作范围在 0～1℃内变化。

5. 使用说明

（1）将仪器置于通风干燥的环境下，安放平稳后检查箱门开关是否灵活。

（2）将面板按钮全部置于 OFF。

（3）向水箱内加水至末层搁架以下。

（4）将插头插入具有良好接地的 220V 插座中。

（5）调节温湿度控制器按钮设定所需要的数值。

（6）依次按动电源、制冷、制热、加湿按钮，仪器随即进入工作状态。

当需要某项功能停止工作，将相应的按钮置于 OFF 即可。

建议：当箱内温度达到设定温度，而室内温度却高于设定温度时，可只选制冷工作，将加热功能键置于 OFF。当箱内温度低于设定温度，而室内温度也低于设定温度时，可只选择加热工作，将制冷功能键置于 OFF。当环境温度在设定温度上下波动时，应选择制冷与制热同时工作。

八、砂浆凝结时间测定仪

1. 用途

产品是根据中华人民共和国行业标准 JGJ/T 70—2009《建筑砂浆基本性能试验方法标准》设计的专用仪器。适用于测定墙面砂浆和砌墙砂浆以贯入阻力表示的凝结速度和凝结时间，是各种建筑科研单位、大专院校试验专用设备之一。

2. 技术参数

检测范围：0～100N   视值精度：1%N
视值分度值：0.5N   最大行程：50N
试针截面积：30mm²   试模内径×深度：ϕ140mm×75mm

3. 结构及使用

仪器由压杆、试针轴、试针座、钻夹头、接触片、试针、试模、压力器、底座、调节螺杆、调节螺母、立柱等组成。

其原理是：由压杆给压力通过试针轴向下滑动，使试针插入试模内砂浆里，由于砂浆随着时间长短而凝结硬度变化，使试针得到不同的贯入阻力，在压力器上读出不同的阻力值，这就是抗压强度。

其使用时首先将搅拌均匀的砂浆装入试模内，离上口平面约 10mm 抹平，将试模放在压力器圆盘上，此时将压力器指针调到零位（旋动调零螺母）。然后操作者将压力杆垂直向下施压力，在 10s 时间内将试针贯入砂浆 25mm，这时压力器刻度盘上所示为第一次测定值，同时将调节螺母调到最高位置，即与试针座上端面齐平，放开压杆，试针在弹簧力作用下复位，按每小时重复一次，当阻力达到 0.3MPa 时改为 15min 测定一次，直到阻力达到 0.7MPa 为止。

砂浆贯入阻力计算：$FP = \dfrac{NP}{AP}$（MPa）

式中，FP 为贯入阻力值，MPa；NP 为贯入深度为 25mm 时的净压力，N；AP 为贯入试针截面积（30mm^2）。贯入阻力值计算精确到 0.01MPa。

具体试验方法：请参照中华人民共和国行业标准 JGJ/T 70—2009 关于《建筑砂浆基本性能试验方法标准》第六章，砂浆凝结时间测定仪有关规定执行。

4. 维护保养

（1）试验结束后，须将工作台面板，试针及接触片擦洗干净。

（2）将试模内试模取出，擦洗干净并上防锈油，使用前上脱模剂。

（3）滑动部分应经常注润滑油，使仪器正常工作。

（4）仪器应安放在室温在 20℃左右，安静及无腐蚀介质的环境中。

九、压力试验机

1. 用途

主要用于水泥试块作抗压强度测定。在压力试验机基础上增加一套自动闭环控制回路，自动加载、数字显示数据并打印输出，加载速率可设定，并有过载自动保护装置，手动、自动能切换，适合对部分压力试验机的改造升级。

2. 主要技术参数

（1）最大试验力：3000kN。

（2）示值精度：±1。

（3）力值显示：

手动　盘分度值：0～600kN，2kN/格；

　　　　　　　　 0～1500kN，5kN/格；

　　　　　　　　 0～3000kN，10kN/格。

自动　四位数字显示。

（4）加载速率（可自行设定）：1～10kN/s。

（5）承压板间最大净距：280mm。

（6）净重：约 800kg。

压力试验机的型号品种很多，各检测单位和生产单位可根据自己的需要确定设备型号。

十、雷氏夹

1. 用途

雷氏夹适用于硅酸盐、普通水泥、矿渣水泥、火山灰水泥、粉煤灰水泥以及指定采用 GB 1346—2011《水泥标准稠度用水量、凝结时间、安定性检验方法》的其他品种水泥，由游离氧化钙造成的体积安定性的测试。

2. 主要技术参数及规格

环模　内径：$\phi(30\pm0.42)$mm；　　高：(30 ± 0.26)mm；
指针　长度：150mm；　　　　　直径：$\phi2$mm。

3. 结构

雷氏夹由指针，环模，附件 F1、F2 等组成。

4. 使用与维修

（1）雷氏夹每次使用前需对雷氏夹进行弹性要求检验，具体做法如下：将雷氏夹一指针根部挂在雷氏夹测定仪弦线上，另一指针根部挂 300g 砝码，两指针间距离加 $2X=(17.5\pm2.5)$mm，去掉砝码后指针恢复原尺寸。检验合格后方可使用。

（2）雷氏夹试件的制备方法。将预先准备好的雷氏夹放在已稍擦油的玻璃板上，并一只手用宽 10mm 小刀插捣 15 次左右然后抹平。盖上稍涂油的玻璃板，压上配重块，立即将雷氏夹连同试件和玻璃板移至湿气养护箱［控制温度（20±3)℃，湿度大于90％］内养护（24±2)h。

（3）雷氏夹试件的沸煮。先测量带有试件并经养护的雷氏夹两指针尖端的间距，精确到 0.5mm，并用编号做记录，按着将雷氏夹连同试件放入沸煮箱中算板上，指针朝上试件之间互不交叉，然后在（30±5)min 内加热至沸腾，并恒沸 3h±5min，最后按测得沸煮后两指针尖端间距与沸煮前的差值多少来判断试件的合格与否。

（4）雷氏夹用后去掉试样及污物后放妥，严禁堆放或被其他物体相互挤压。

产品附件：附件有玻璃板两块，搁架，小刀各一件，用户可根据需要订货。

十一、沸煮箱

1. 用途

本产品系国家标准 GB 1346—2011《水泥标准稠度用水量、凝结时间、安定性检验方法》的配套设备，能自动控制箱体内水升温至 100℃ 的速率保持 100℃ 的时间，以验定水泥净浆体积的安定性（即雷氏法和试饼法），是水泥生产施工、科研、试验单位专用设备之一。

2. 技术参数

（1）最高沸煮温度：100℃。

（2）煮箱名义容积：31L。

（3）升温时间（20℃升至100℃）：（30±5）min。

（4）加热时间控制：0～3.5h。

（5）管状加热器功率：4kW/220V（共两组为1kW和3kW）。

3. 结构简介

沸煮箱主要由箱盖、内外箱体、箱算、保温层、管状加热器（两组）管接头、铜热水嘴、水封槽、罩壳、电器控制箱等组成。

4. 使用与维修

（1）试饼法和雷氏法试件的制作

① 试饼成型：将制成的净浆取出一部分分成两份，使之成球形，放在预先准备好的玻璃板上（100mm×100mm），轻轻振动玻璃板并用湿布擦过的小刀由边缘向中央抹动，做成直径70～80mm、中心厚约10mm边缘渐薄、表面光滑的试饼6件，放入养护箱内养护（24±2)h。

② 雷氏夹试件的制备方法：将预先准备好的雷氏夹放在已稍擦油的玻璃板上（质量约75～80g）并立即将已制好的标准稠度净浆装满试模，装模时一只手轻轻扶持试模，另一只手用宽约10mm的小刀插捣15次左右。然后抹平，盖上稍涂油的玻璃板，接着立即将试模移至养护箱内养护（24±2)h。

（2）根据用户要求试饼法与雷氏夹同时使用，以对比水泥安定性试验结果，须将算板高度降低，为此用户使用算板时（包括只做雷氏夹法）务必置于试饼架之上。

（3）沸煮箱内充水180mm高（以箱体底部算起）将经过养护的试饼或雷氏夹两指针朝上，横模放于算板上。

（4）接通电器控制箱电源，启动"自动开关"，沸煮箱内的水于30min沸腾，一组3kW电容器自动停止工作，再煮3h沸煮箱全部停止工作，此时数字显示为210min，电器控制箱内蜂鸣器动作，煮毕将水由铜热水嘴放出，打开箱盖待箱体冷却至室温，取出试件进行检测。

（5）沸煮箱内充水温低于20℃时，可先启动电器控制箱上手动开关至"升温"区，将水温升至20℃左右，停止手动开关，启动"自动"开关即可自动运行。

（6）沸煮箱内必须用洁净淡水，设备久用后箱内可能积累水垢，可酌情定期清洗。

（7）设备供电电流为220V，加热器两组各为3kW和1kW，加热器加热前必须添水为 180mm 高度，以防加热器过热烧坏，加热完毕，首先切断电源，然后放出箱内的水，为了保障加热器的效率，加热器表面应经常洗刷去除积垢。

（8）箱体外壳必须有可靠接地，以保证安全。

（9）沸煮前，水封槽内必须盛满水，以保证试验沸煮时起水封作用。

还有其他的检测设备，本书不作详细介绍，各使用单位可直接咨询产品的生产厂家。以上检测设备的介绍，主要根据上海市建筑科学研究院对水泥基渗透结晶型防水材料检测过程中使用的设备有所选择地概述，具体数据参阅了生产厂家的有关《建筑仪器使用说明书》。

第五章　水泥基渗透结晶型防水材料防水工程的设计与施工

水泥基渗透结晶型防水材料可用于建筑物和构筑物的防水工程，也适用于一般渗漏防水维修。水泥基渗透结晶型防水材料可在混凝土结构层上直接使用，采用水泥基渗透结晶型防水材料进行防水设防的主体结构应具有较好的强度和刚度。

第一节　水泥基渗透结晶型防水材料防水工程的设计

采用水泥基渗透结晶型防水材料的防水工程，应根据建筑的使用功能、结构形式、环境条件、施工方法和工程特点进行防水构造的设计，重要的部位应有详图。水泥基渗透结晶型防水材料防水工程的设计应包括以下内容：①地下或屋面工程的防水等级和设防要求；②防水工程所采用的水泥基渗透结晶型防水材料产品的品种、规格和技术指标；③工程细部构造的防水措施，选用的材料及其技术指标。

一、水泥基渗透结晶型防水材料防水工程的设计要点

水泥基渗透结晶型防水材料防水工程的设计要点如下。

（1）水泥基渗透结晶型防水材料防水工程应根据建筑物的类别、重要程度、使用功能要求来确定防水等级，并应按照相应等级进行防水设防；对防水有特殊要求的，应进行专项防水设计。屋面防水等级和设防要求应符合表 5-1 的规定；地下工程的防水等级应分为四级，各等级防水标准应符合表 5-2 的规定，地下工程不同防水等级的适用范围，应根据工程的重要性和使用中对防水的要求按表 5-3 选定。

表 5-1　屋面防水等级和设防要求　　　GB 50345—2012

防水等级	建筑类别	设防要求
Ⅰ级	重要建筑和高层建筑	两道防水设防
Ⅱ级	一般建筑	一道防水设防

表 5-2　地下工程防水标准　　　　　　　　　　GB 50108—2008

防水等级	防 水 标 准
一级	不允许渗水,结构表面无湿渍
二级	不允许漏水,结构表面可有少量湿渍; 工业与民用建筑:总湿渍面积不应大于总防水面积(包括顶板、墙面、地面)的 1/1000;任意 100m² 防水面积上的湿渍不超过 2 处,单个湿渍的最大面积不大于 0.1m²; 其他地下工程:总湿渍面积不应大于总防水面积的 2/1000;任意 100m² 防水面积上的湿渍不超过 3 处,单个湿渍的最大面积不大于 0.2m²;其中,隧道工程还要求平均渗水量不大于 0.05L/(m²·d),任意 100m² 防水面积上的渗水量不大于 0.15L/(m²·d)
三级	有少量漏水点,不得有线流和漏泥沙; 任意 100m² 防水面积上的漏水或湿渍点数不超过 7 处,单个漏水点的最大漏水量不大于 2.5L/d,单个湿渍的最大面积不大于 0.3m²
四级	有漏水点,不得有线流和漏泥沙; 整个工程平均漏水量不大于 2L/(m²·d);任意 100m² 防水面积上的平均漏水量不大于 4L/(m²·d)

表 5-3　不同防水等级的适应范围　　　　　　　GB 50108—2008

防水等级	适 应 范 围
一级	人员长期停留的场所;因有少量湿渍会使物品变质、失效的储物场所及严重影响设备正常运转和危及工程安全运营的部位;极重要的战备工程、地铁车站
二级	人员经常活动的场所;在有少量湿渍的情况下不会使物品变质、失效的储物场所及基本不影响设备正常运转和工程安全运营的部位;重要的战备工程
三级	人员临时活动的场所;一般战备工程
四级	对渗漏水无严格要求的工程

（2）水泥基渗透结晶型防水材料可用于混凝土基体的迎水面或背水面;其可在结构刚度较好的混凝土防水工程中单独使用,也可以与其他防水材料复合使用,若与其他防水材料复合使用时,彼此应相容。

（3）GB 50108—2008《地下工程防水技术规范》国家标准规定:水泥基渗透结晶型防水涂料的用量不应小于 1.5kg/m²,且厚度不应小于 1.0mm。

（4）CECS195—2006《聚合物水泥、渗透结晶型防水材料应用技术规程》中国工程建设标准化协会标准规定:粉状渗透结晶型防水材料的用量不得小于 0.8kg/m²,重要工程不应小于 1.2kg/m²。

（5）细部构造应有详细设计,应采用更可靠的设防措施,宜采用密封材料、遇水膨胀橡胶条、止水带、防水涂料等进行组合设防。

（6）要保证其他防水层选用材料的质量,必须符合专项技术指标。

（7）要考虑由于冬夏季气温的不同,南方和北方的温度差异,所引起的材料初凝和终凝时间的差异，给施工带来的不便以及和其他防水材料的相融性。

（8）注意工程细部构造的防水措施。阴阳角处因不好涂刷，故要在这些部位设置增强材料并增加涂刷遍数，以确保这些部位的施工质量。底板的施工，后续施工工序有可能损坏防水涂层的，设计应予以加强。

二、水泥基渗透结晶型防水材料防水涂层的构造

防水涂层的构造系指为满足屋面、墙面、地面、卫生间、地下建筑物及储水池等的防水功能要求所设置的防水构造层次安排。

屋面工程有结构层、找平面层、隔汽层、保温层、防水层、隔离层、保护层、架空隔热层及使用屋面的面层等。一般情况下，结构层在最下面，架空隔热层或使用屋面的面层在最上面，保温层与防水层的位置可根据需要相互交换。屋面防水层位于保温层之上叫正铺法，它可以分为暴露式和埋压式。埋压式根据其压埋材料不同分为松散材料埋压，刚性块体或整浇埋压、柔性材料埋压和架空隔热板覆盖。倒置法是将防水层置于保温层下面，此时则要求保温层是憎水性的，上部常需再作一层刚性保护层。

地下建筑防水构造分内防水、外防水和内外双面防水。防水涂料施涂于结构的内侧称为内防水；施涂于建筑物外侧称为外防水；内外两面均施涂料则为内外双面防水。一般情况下，当室外有动水压力或水位较高且土质渗透性好时，防水层必须做在结构的外侧，即迎水面一侧。以前只有在某些防潮工程或工程已渗漏而采取补救措施时，才采用内防水，而且除防水层外还应增设一层保护层，但水泥基渗透结晶型防水材料却改变了这种现状，虽说在设计上还是建议做外防水，但根据工程情况也可以直接设计成内防水。

卫生间采用水泥基渗透结晶型防水材料防水时，一般应将防水层布置在结构层与地面面层之间，以便使防水层受到保护。

水泥基渗透结晶型防水材料防水涂层的构造相对其他防水材料而言比较简单，一般情况下，结构基面无须做找平面层和保护层。

做屋面工程时，一般将水泥基渗透结晶型防水材料的防水涂层直接施工于结构基层，再做其他材料的防水涂层以及保温层、隔热层和使用屋面的面层等。

做地下侧墙防水工程时，无论内防水还是外防水，均需将水泥基渗透结晶型防水材料的防水涂层直接作用于混凝土结构基面，再根据设计要求做内墙装饰涂层。

做地下底板或顶板防水工程时，为防止人为损坏，在防水涂层上建议做水泥砂浆保护层，1∶2水泥砂浆，厚度为20～30mm，砂浆保护层上再做使用面层。若没有人为（或施工）损坏涂层的情况，可不做保护层。

三、水泥基渗透结晶型防水材料的设计构造简图

1. 地下防水工程的构造简图

（1）地下室侧墙外防水构造简图　地下室侧墙外防水构造参见图 5-1。水泥基渗透结晶型防水涂料防水涂层的厚度不应小于 1.0mm；刮涂施工可一遍成形，刷涂施工则要求二遍成形，防水涂层终凝 72h 后，方可回填土。

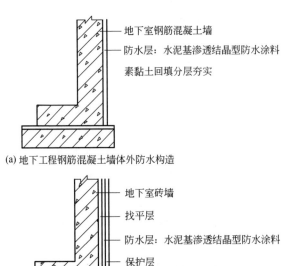

（a）地下工程钢筋混凝土墙体外防水构造

（b）地下工程砖墙体外防水构造

图 5-1　地下室侧墙外防水构造

（2）地下室侧墙内防水构造简图　地下室侧墙内防水构造参见图 5-2。水泥基渗透结晶型防水涂料防水涂层的厚度不应小于 1.0mm；刮涂施工可一遍成形，刷涂施工则要求二遍成形，防水涂层终凝后，再做装饰层（如涂料装饰层、墙面砖装饰层等）。

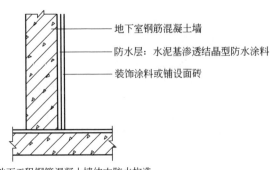

（a）地下工程钢筋混凝土墙体内防水构造

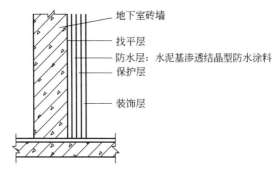

(b) 地下工程砖墙体内防水构造

图 5-2 地下室侧墙内防水构造

（3）地下室底板防水构造简图 地下室底板防水构造参见图 5-3。水泥基渗透结晶型防水涂料防水涂层的厚度不应小于 1.0mm；刮涂施工可一遍成形，刷涂施工则要求二遍成形，也可采用干撒法工艺施工；底板外防水若采用干撒法工艺施工，其垫层坡面则应另行涂刷。

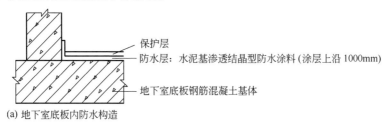

保护层
防水层：水泥基渗透结晶型防水涂料（涂层上沿 1000mm）
地下室底板钢筋混凝土基体

(a) 地下室底板内防水构造

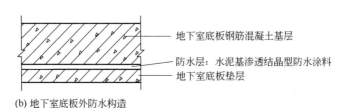

地下室底板钢筋混凝土基层
防水层：水泥基渗透结晶型防水涂料
地下室底板垫层

(b) 地下室底板外防水构造

图 5-3 地下室底板防水构造

（4）地下室顶板防水构造简图 地下室顶板防水构造参见图 5-4。水泥基渗透结晶型防水涂料防水涂层的厚度不应小于 1.0mm；刮涂施工可一遍成形，刷涂施工则要求二遍成形，外防水构造也可采用干撒法工艺施工；若有特殊需要时，防水涂层上可做保护层。

（5）坑、池防水构造简图 坑、池的防水构造参见图 5-5。水泥基渗透结晶型防水涂料防水涂层的厚度不应小于 1.0mm；刮涂施工可一遍成形，刷涂施工则要求二遍成形；根据需要做防水层的保护层或装饰层。

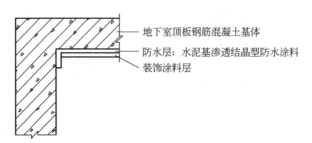

(a) 地下室顶板内防水构造

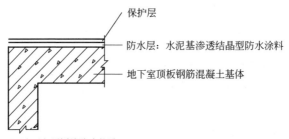

(b) 地下室顶板外防水构造

图 5-4　地下室顶板防水构造

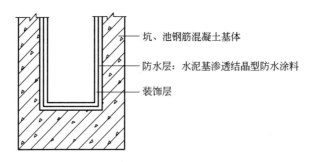

图 5-5　坑、池防水构造

（6）桩基防水构造简图　桩基的防水构造参见图 5-6。水泥基渗透结晶型防水涂料防水涂层的厚度不应小于 1.0mm；刮涂施工可一遍成形，刷涂施工则要求二遍成形。

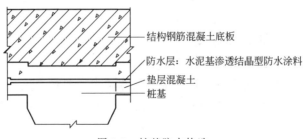

图 5-6　桩基防水构造

（7）后浇带防水构造简图　后浇带的防水构造参见图5-7。水泥基渗透结晶型防水涂料防水涂层的厚度不应小于1.0mm；刮涂施工可一遍成形，刷涂施工则要求二遍成形。

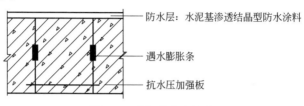

图 5-7　后浇带防水构造

（8）地下连续墙接缝防水构造简图　地下连续墙接缝的防水构造参见图5-8。水泥基渗透结晶型防水涂料防水涂层的厚度不应小于1.0mm；刮涂施工可一遍成形，刷涂施工则要求二遍成形；各类混凝土裂缝的特征不同，应采用相应的防治措施。

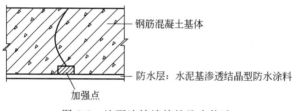

图 5-8　地下连续墙接缝防水构造

2. 屋面和室内防水工程的构造简图

（1）屋面防水构造简图　屋面防水构造参见图5-9。水泥基渗透结晶型防水涂料防水涂层的厚度应符合设计要求；刮涂施工可一遍成形，刷涂施工则要求二遍成形；小面积坡屋面可无须柔性防水材料，直接铺设沥青瓦或其他饰材。

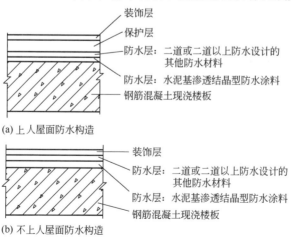

(a) 上人屋面防水构造

(b) 不上人屋面防水构造

图 5-9　屋面防水构造

（2）卫生间底板防水构造简图　卫生间底板的防水构造参见图 5-10。水泥基渗透结晶型防水涂料防水涂层的厚度应符合设计要求；刮涂施工可一遍成形，刷涂施工则要求二遍成形；预制混凝土楼板不宜使用。

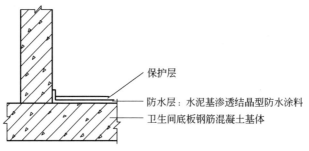

图 5-10　卫生间底板防水构造

（3）卫生间侧墙（砖体）防水构造简图　卫生间侧墙（砖体）的防水构造参见图 5-11。

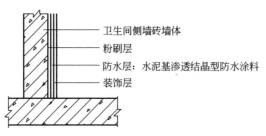

图 5-11　卫生间侧墙（砖体）防水构造

水泥基渗透结晶型防水涂料防水涂层的厚度应符合设计要求；刮涂施工可一遍成形，刷涂施工则要求二遍成形；砂浆粉刷层必须保证与砖墙体的黏结良好。

3. 路桥防水构造简图

路桥防水构造参见图 5-12。

水泥基渗透结晶型防水涂料防水涂层的厚度应符合设计要求；刮涂施工可一遍成形，刷涂施工则要求二遍成形；防水涂层上应做保护层，以避免施工对防水涂层的破坏；二道防水施工应在水泥基渗透结晶型防水涂料防水涂层终凝后进行。

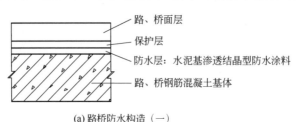

(a)路桥防水构造（一）

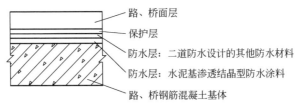

路、桥面层
保护层
防水层：二道防水设计的其他防水材料
防水层：水泥基渗透结晶型防水涂料
路、桥钢筋混凝土基体

(b)路桥防水构造（二）

图 5-12　路桥防水构造

四、FDS（源水通）结构自防水材料的建筑防水构造

1. FDS（源水通）结构自防水材料的建筑防水构造简图及建筑做法

地下及综合管廊的防水做法见表 5-4；隧道的防水做法见表 5-5；地下维修的防水做法见表 5-6。

表 5-4　地下及综合管廊防水做法

编号	防水等级	构造简图	建　筑　做　法
地 1 （地下室底板）	Ⅰ级		1. 防水层：20 厚 FDS（源水通）-B 型自防水材料 2. 防水层：2.0 厚 FDS（源水通）水泥基渗透结晶型防水涂料（3kg/m²） 3. FDS（源水通）-A 型结构自防水现浇钢筋混凝土底板 4. 100 厚 C15 细石混凝土垫层（原浆表面抹平） 5. 素土夯实
地 2 （地下室底板）	Ⅱ级		1. 防水层：2.0 厚 FDS（源水通）水泥基渗透结晶型防水涂料（3kg/m²） 2. FDS（源水通）-A 型结构自防水现浇钢筋混凝土底板 3. 100 厚 C15 细石混凝土垫层（原浆表面抹平） 4. 素土夯实
地 3 （地下室侧墙）	Ⅰ级		1. 防水层：2.0 厚 FDS（源水通）水泥基渗透结晶型防水涂料（3kg/m²） 2. FDS（源水通）-A 型结构自防水现浇钢筋混凝土侧墙 3. 防水层：20 厚 FDS（源水通）-B 型自防水材料

续表

编号	防水等级	构造简图	建筑做法
地4 (地下室侧墙)	Ⅱ级		1. 防水层:2.0厚FDS(源水通)水泥基渗透结晶型防水涂料(3kg/m²) 2.FDS(源水通)-A型结构自防水现浇钢筋混凝土侧墙
地5 (地下室顶板)	Ⅰ级		1. 防水层:20厚FDS(源水通)-B型自防水材料 2. 防水层:2.0厚FDS(源水通)水泥基渗透结晶型防水涂料(3kg/m²) 3.FDS(源水通)-A型结构自防水现浇钢筋混凝土顶板
地6 (地下室顶板)	Ⅱ级		1. 防水层:2.0厚FDS(源水通)水泥基渗透结晶型防水涂料(3kg/m²) 2.FDS(源水通)-A型结构自防水现浇钢筋混凝土顶板
地7 (种植顶板)	Ⅰ级		1. 种植层(由工程设计确定) 2. 过滤层 3. 排(蓄)水板 4. 防水层:耐根穿刺防水层 5. 防水层:20厚FDS(源水通)-B型自防水材料兼做找平 6. 保温层:按工程设计定 7. 防水层:2.0厚FDS(源水通)水泥基渗透结晶型防水涂料(3kg/m²) 8.FDS(源水通)-A型结构自防水现浇钢筋混凝土顶板

表 5-5　隧道防水做法

编号	防水等级	构造简图	建筑做法
隧1 (暗挖法隧道)	Ⅰ级		支护层:初期支护结构(喷射混凝土、厚度设计选定) 防水层:2.0厚FDS(源水通)水泥基渗透结晶型防水涂料(3kg/m²) 结构层:FDS(源水通)-A型结构自防水现浇钢筋混凝土

续表

编号	防水等级	构造简图		建　筑　做　法
隧2 (明挖法隧道)	Ⅰ级		Ⓐ	保护层:按工程设计定 隔离层:干铺玻纤布一层 防水层:2.0厚 FDS(源水通)水泥基渗透结晶型防水涂料(3kg/m²) 结构层:FDS(源水通)-A 型结构自防水现浇钢筋混凝土
			Ⓑ	结构层:地下钢筋混凝土连续墙(按工程设计) 防水层:2.0厚 FDS(源水通)水泥基渗透结晶型防水涂料(3kg/m²) 结构层:FDS(源水通)-A 型结构自防水现浇钢筋混凝土
			Ⓒ	结构层:FDS(源水通)-A 型结构自防水现浇钢筋混凝土 防水层:2.0厚 FDS(源水通)水泥基渗透结晶型防水涂料(3kg/m²) 垫　层:150 厚 C15 细石混凝土 基　层:基坑土层夯实

表 5-6　地下维修防水做法

编号	防水等级	构造简图	建筑做法
地8 (地下室底板)	Ⅰ级		1. 防水层:1.0 厚 FDS(源水通)水泥基渗透结晶型防水涂料(1.5kg/m²) 2. 防水层:30 厚 FDS(源水通)-B 型自防水材料兼做找平层(挂钢丝网) 3. 先用 FDS 环氧树脂防水材料灌浆堵漏 4. 原有自防水钢筋混凝土底板 注:用于维修防水堵漏工程
地9 (地下室侧墙)	Ⅰ级		1. 防水层:1.0 厚 FDS(源水通)水泥基渗透结晶型防水涂料(1.5kg/m²) 2. 防水层:30 厚 FDS(源水通)-B 型自防水材料兼做找平层(挂钢丝网) 3. 先用 FDS 环氧树脂防水材料灌浆堵漏 4. 原有自防水钢筋混凝土侧墙 注:用于维修防水堵漏工程

续表

编号	防水等级	构造简图	建筑做法
地10（地下室顶板）	Ⅰ级	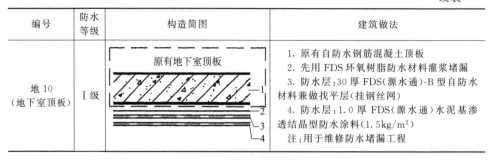	1. 原有自防水钢筋混凝土顶板 2. 先用 FDS 环氧树脂防水材料灌浆堵漏 3. 防水层:30 厚 FDS(源水通)-B 型自防水材料兼做找平层(挂钢丝网) 4. 防水层:1.0 厚 FDS(源水通)水泥基渗透结晶型防水涂料(1.5kg/m²) 注:用于维修防水堵漏工程

屋面的防水做法见表 5-7；屋面维修的防水做法见表 5-8。

表 5-7　屋面防水做法

编号	防水等级	构造简图	建筑做法
屋面1	Ⅰ级		1. 面层:按工程设计定 2. 保温层:按工程设计定 3. 防水层:20 厚 FDS(源水通)-B 型自防水材料兼做找平层 4. 防水层:FDS(源水通)水泥基渗透结晶防水涂料干甩法施工 5. FDS(源水通)-A 型结构自防水现浇钢筋混凝土屋面板
屋面2	Ⅰ级		1. 面层:按工程设计定 2. 保温层:按工程设计定 3. 防水层:20 厚 FDS(源水通)-B 型自防水材料兼做找平层 4. FDS(源水通)-A 型结构自防水现浇钢筋混凝土屋面板
金属屋面1	Ⅰ级		1. 防水层:1.2 厚 FDS 外露耐候型自粘防水材料 2. 夹芯金属板(具有保温功能) 3. 钢梁
金属屋面2	Ⅰ级		1. 防水层:1.5 厚 FDS-EPDM 水性橡胶防水涂料 2. 夹芯金属板(具有保温功能) 3. 钢梁

表 5-8　屋面维修防水做法

构造编号	简　图	构造做法
维修屋面①		1. 防水层:1.0 厚 FDS 外露耐候型自粘防水材料 2. 原有钢筋混凝土屋面板

续表

构造编号	简　图	构造做法
维修屋面②		1. 防水层:1.0 厚 FDS 外露耐候型自粘防水材料 2. 原有彩钢屋面板
维修屋面③		1. 防水层:1.5 厚 FDS 水性橡胶防水涂料 2. 原有钢筋混凝土屋面板
维修屋面④		1. 防水层:1.5 厚 FDS 水性橡胶防水涂料 2. 原有彩钢屋面板

维修屋面的做法:
1)基层清理、修补　首先确定是否需要铲除原有防水层,若需铲除,则将基层表面的防水层等清除干净,直至结构基层,若不需铲除原有防水层,则将原结构表面的油污、损坏的浮动防水层等杂物清除干净。
2)节点密封、附加层施工。
3)大面积施工防水层

　　厨房、厕浴间的防水做法见表 5-9;游泳池、水池、消防水池、污水池的防水做法见表 5-10。

表 5-9　厨房、厕浴间防水做法

编号	构造简图	建筑做法
地面(厨房厕浴间地面)		1. 面　层:按工程设计定 2. 防水层:1.5mm 厚 FDS(源水通)水泥基渗透结晶型防水涂料(2.3kg/m²) 3. 防水层:20 厚 FDS(源水通)-B 型自防水材料兼做找平层 4. 用 FDS 柔性密封材料封堵穿墙管、裂缝等部位 5. 60~80 厚 C15 细石混凝土,找坡 1%,坡向地漏 6. 素土夯实
楼面(厨房厕浴间楼面)		1. 面　层:按工程设计定 2. 防水层:1.5mm 厚 FDS(源水通)水泥基渗透结晶型防水涂料(2.3kg/m²) 3. 防水层:20 厚 FDS(源水通)-B 型自防水材料兼做找平层 4. 用 FDS 柔性密封材料封堵穿墙管、裂缝等部位 5. 现浇钢筋混凝土楼板

续表

编号	构造简图	建筑做法
墙面(厨房厕浴间墙面)	5　4 3 2 1	1. 面　层:按工程设计定 2. 防水层:1.5mm 厚 FDS(源水通)水泥基渗透结晶型防水涂料(2.3kg/m²) 3. 防水层:20 厚 FDS(源水通)-B 型自防水材料兼做找平层 4. 用 FDS 柔性密封材料封堵穿墙管、裂缝等部位 5. 墙体

表 5-10　游泳池、水池、消防水池、污水池防水做法

编号	构造简图	建筑做法
游泳池、水池、消防水池底板	1 2 3 4	1. 饰面层:按工程设计定 2. 防水层:20 厚 FDS(源水通)-B 型自防水材料兼做找平层 3. 防水层:1.0 厚 FDS(源水通)水泥基渗透结晶型防水涂料(1.5kg/m²) 4. FDS(源水通)-A 型结构自防水现浇钢筋混凝土侧墙
游泳池、水池、消防水池侧墙板	4　3 2 1	1. 饰面层:按工程设计定 2. 防水层:20 厚 FDS(源水通)-B 型自防水材料兼做找平层 3. 防水层:1.0 厚 FDS(源水通)水泥基渗透结晶型防水涂料(1.5kg/m²) 4. FDS(源水通)-A 型结构自防水现浇钢筋混凝土侧墙
污水池底板	1 2 3 4	1. 饰面层:按工程设计定 2. 防水层:20 厚 FDS(源水通)-B 型自防水材料兼做找平层 3. 防水层:1.0 厚 FDS(源水通)水泥基渗透结晶型防水涂料(1.5kg/m²) 4. FDS(源水通)-A 型结构自防水现浇钢筋混凝土底板
污水池侧墙板	4　3 2 1	1. 饰面层:按工程设计定 2. 防水层:20 厚 FDS(源水通)-B 型自防水材料兼做找平层 3. 防水层:1.0 厚 FDS(源水通)水泥基渗透结晶型防水涂料(1.5kg/m²) 4. FDS(源水通)-A 型结构自防水现浇钢筋混凝土侧墙

外墙的防水做法见表 5-11。

表 5-11　外墙防水做法

编号	构造简图	建筑做法
无保温外墙 1	4　321 内　　外	1. 外饰面层（按单体设计） 2. 防水层：18 厚 FDS（源水通）-B 型自防水材料 3. 界面处理剂 4. 结构层：加气混凝土或其他砌块
无保温外墙 2	4　321 内　　外	1. 外饰面层（按单体设计） 2. 防水层：10 厚 FDS（源水通）-B 型自防水材料 3. 找平层：1：3 水泥砂浆搓毛面，最薄处≥5 厚（基层宜涂混凝土界面处理剂） 4. 结构层：小型实心或空心砌体
外保温外墙 1	6　54　3　2　1 内　　外	1. 外饰面层（按单体设计） 2. 黏结抗裂层：5 厚抗裂砂浆复合耐碱网格布 3. 保温层：无机或有机保温材料（厚度按单体设计） 4. 结合层：混凝土界面剂 5. 防水层：10 厚 FDS（源水通）-B 型自防水材料 6. 结构层：混凝土多孔砖（或页岩烧结多孔砖、混凝土空心砌块）
外保温外墙 2	5　4　3　21 内　　外	1. 外饰面层（按单体设计） 2. 防水层：18 厚 FDS（源水通）-B 型自防水材料 3. 结构层：混凝土多孔砖（或页岩烧结多孔砖、混凝土空心砌块）或小型砌块 4. 保温层：无机或有机保温材料（厚度按单体设计） 5. 黏结抗裂层：5 厚抗裂砂浆复合耐碱网格布

路桥的防水做法见表 5-12。

表 5-12　路桥防水做法

编号	构造简图	建筑做法
沥青混凝土桥面		1. 细石沥青混凝土 2. 沾油层 3. 1.5 厚 FDS（源水通）水泥基渗透结晶型防水涂料（2.0kg/m²） 4. FDS（源水通）-A 型结构自防水现浇钢筋混凝土
水泥混凝土桥面		1. 细石沥青混凝土 2. 沾油层 3. 1.5 厚 FDS（源水通）水泥基渗透结晶型防水涂料（2.0kg/m²） 4. FDS（源水通）-A 型结构自防水现浇钢筋混凝土

2. FDS（源水通）结构自防水材料防水构造所用材料简介

FDS（源水通）结构自防水材料建筑防水构造是由 FDS（源水通）结构自防水材料、FDS（源水通）水泥基渗透结晶型防水涂料、FDS 外露耐候型自粘防水材料、FDS 水性橡胶防水涂料等组成。

（1）FDS（源水通）结构自防水材料　FDS（源水通）结构自防水材料其含有大量天然无定形二氧化硅分子、少量三氧化二铝，在和水泥、水的化合反应中吸收氢氧化钙，反应生成硅酸钙胶体，在这个反应过程中，FDS 结构自防水材料发挥了它无定形的二氧化硅特殊性，促进了界面活性，填塞了水与空气所占有的空隙部分，切断了空气与水流的通道，因此增加了水泥混凝土或水泥砂浆的密实度，从而达到了钢筋混凝土结构的自防水和自愈性能的目的。

FDS（源水通）结构自防水材料按其用途的不同，可分为 A、B 两个型号，即 FDS（源水通）-A 型和 FDS（源水通）-B 型。FDS（源水通）-A 型可供配置抗渗混凝土用，将其添加到混凝土中，形成自防水结构体；FDS（源水通）-B 型可供配置防水砂浆用，将其添加到砂浆中，可在迎水面或背水面施工，形成砂浆防水结构体。

（2）FDS（源水通）水泥基渗透结晶型防水涂料　FDS（源水通）水泥基渗透结晶型防水涂料是以水泥、石英粉等为主要基材，并掺入多种活性化学物质的一类粉状材料，其经与水拌和后，可调配成具有一定渗透功能的无机防水材料。

（3）FDS 外露耐候型自粘防水材料　FDS 外露耐候型自粘防水材料主要是以改性丁基胶或改性沥青胶为胶结料加可外露耐候型高分子膜制成的。该胶结料中含有渗透反应活性成分，与基层有很好的相容性，在基层上能形成一层牢固不可逆的界面密封反应层，以避免蹿水现象发生。

（4）FDS 水性橡胶防水涂料　FDS 水性橡胶防水涂料是由 SBS 橡胶颗粒、液体三元乙丙、沥青、软化剂、触变剂等，在高效乳化剂的作用下配成的水乳型防水涂料。

五、某住宅小区地下室渗漏水防水堵漏方案❶

（一）工程概况

某住宅小区一期工程共有 102 栋别墅，每栋地下室平均建筑面积为 150m²，展开面积约 500m²。该别墅由于防水层失效加之混凝土疏松和穿墙管件没有处理好，造成渗漏水，必须尽快进行整治。

（二）方案编制依据

（1）国家标准《地下工程防水技术规范》（GB 50108—2008）

（2）国家标准《地下防水工程质量验收规范》（GB 50208—2011）

（3）国家行业标准《房屋渗漏修缮技术规程》（JGJ/T 53—2011）

（4）国家标准《水泥基渗透结晶型防水材料》（GB 18445—2012）

（5）国家行业标准《无机防水堵漏材料》（JC 900—2002）

（6）现行全国防水工程定额汇编（中国建材工业出版社 2001 年 7 月出版）

（7）甲方有关技术质量及施工要求

（三）内防水设计总体方案

本设计方案采用刚性防水与柔刚结合的防水材料进行组合防水、注浆防水与涂层防水、涂层防水与刚性保护相结合的五道防水设计方案。

防水设计施工程序如下：

（1）对所有漏水点及漏水部位进行注浆防水，达到滴水不漏；

（2）对地下室内壁侧墙和地坪基层清理至防水施工要求；

（3）第一道先做"霍尼漏克"或"抗渗漏克"2.5kg/m²；

（4）第二道做"抗渗漏克"2.5kg/m²；

（5）第三道做"水泥基渗透结晶型防水材料"1.5kg/m²；

（6）第四道做"丙乳砂浆"10mm 厚，其中丙乳用量 1.8kg/m²；

（7）第五道做刚性保护层；

（8）上述相关工作及材料根据施工合同进行。

凡经上述五道防水层按设计和施工质量规范要求施工的部位，可达到国家颁布的《地下工程防水技术规范》（GB 50108—2008）中规定滴水不漏的质量标准。

---

❶　为保持资料的原貌，方案中的数据和标准一般不作修改，如需参考本方案，则应按照新版标准和规范作相应的复核。

（四）内防水局部部位防水施工方案

（1）地下室地面全部按原设计方案全做防水施工，再做 40mm 厚砂浆保护层。

（2）地下室内的外墙按原设计方案做内防水施工。防水保护层：先做 20mm 厚水泥砂浆层，再粘贴 50mm 左右厚度的黏土砖，最后做 20mm 厚的水泥砂浆刚性保护层。

（3）混凝土内隔墙　对混凝土内隔墙防水处理，改为沿侧墙两侧向内延伸 30cm，地面向上延伸 30cm。仅做薄层保水层。施工霍尼漏克、抗渗漏克、结晶渗透型防水材料、丙乳砂浆，即结束防水施工，总厚度不超过 20mm。

（4）卫生间、设备间　外墙 1.8m 以下，已做防水层的，不再做防水施工。外墙 1.8m 以上，按原设计方案进行防水施工，但不做防水保护层。卫生间、设备间的轻质内隔墙全部不做防水施工；对外墙 1.8m 以下的墙面。

（5）地下室细部节点处理　凡涉及防水施工面上的，原有的水、暖、电、气、空调等管、线以及锚固件全部不动，仅在其周围做防水。如电线插座，仅在电线插线盒的外四周做防水。

（6）地下室室内门框　对地下室室内门框仅靠外墙的两侧做防水施工。门框内侧不做。

（五）主要防水堵漏材料性能介绍

1. 高分子注浆材料——注浆堵漏王

注浆堵漏王是由异氰酸酯与水溶性聚醚作为主要基料再加入化学添加剂进行高分子化学合成反应，而形成端基含有过量游离异氰酸根基团高分子化合物的一种新型高分子注浆防水材料，用注浆堵漏王注入漏水部位后，以渗漏水为交联剂立即进行化学反应，放出 CO_2，逆水而上进行扩散，与周围的砂、石、泥土等固结成弹性的固结体，以水止水最终达到堵漏止水的目的。

（1）主要技术数据

① 外观：淡黄或琥珀色均匀液体。

② 密度：1.00～1.10。

③ 黏度：20～80Pa·s。

④ 凝胶时间：10～1000s。

⑤ 包水量：≥10 倍。

⑥ 水质适应性：pH＝3～13。

（2）材料性能特点

① 单组分注浆，施工时不需再配制浆液，配套注浆设备简单，操作及清洗设备方便。

② 凝胶体具有抗渗性好，强度、延伸率高，高耐腐性及稳定性好的特点，固结体在水中的浸泡液对人体及动植物无害，对水质无污染。

（3）施工注意事项

① 注浆堵漏王应密封储存在阴凉、干燥处，严禁暴露在空气中或接触水，以防凝胶变质。

② 严禁接触明火或高温，以防燃烧或膨胀后外泄。

③ 注浆时应戴防护眼镜。

④ 本品保存期 6 个月，如超过 6 个月，但经测试符合标准要求仍可继续使用。

产品包装：本产品用 20kg 圆柱形铁桶包装。

2. 霍尼漏克（抗渗漏克）

（1）简介　霍尼漏克防水材料为复合粉状材料，通过有关部门鉴定，并列为重大科技成果推广计划。产品无毒、无味、无污染、不腐蚀，通过建筑材料工业环境监测中心检测符合 GB 5750—85 生活饮用水标准。与水搅拌均匀之后即可施工。该产品具有很强的黏结力和抗渗性能，在防水层形成之后可达到永久的防水效果，可适用于大面积施工，而不龟裂、不空鼓。

（2）适用范围

① 地下混凝土结构、建筑物内外墙和厕、浴、卫生间的防水、抗渗工程。

② 蓄水池、室内外游泳池和各种水工构筑物的防水抗渗工程。

③ 地下隧道、人防工程、煤矿竖井和水库大坝等抗渗工程。

④ 已有各类建筑物、构筑物和各种渗漏现象的修补。

（3）主要性能

① 拌合物和易性好，易于施工。

② 粘接性能强，易于形成粘接层。

③ 适用性能好，产品可与新旧混凝土、砂浆、砖石和金属面层紧密粘贴。

④ 防水层只需简单的保湿养护即可交用。

（4）施工工艺

① 清理基层：防水层施工前要将工作面内的空鼓、疏松、残灰、起皮、浮尘、油污彻底清理冲洗干净。

② 拌料：将霍尼漏克与清水按 4∶1 的配比混合并搅拌均匀，静置 5min，然而再搅拌一次，即可投入使用。

③ 施抹：将拌制好的浆料均匀地抹到渗漏的部位，施工抹面应基本平整。

④ 水化：浆料施抹到渗漏表面后迅速产生水化反应，形成第一道防水抗渗层，水化时间不小于 6h。

⑤ 第一次施抹后 6h，防水层表面具有一定强度即进行第二次施抹，最终的

施抹层总厚度为 2.5～3mm，与墙面找平即可，表面应平整。

（5）技术指标　主要技术指标见表 5-13。

表 5-13　主要技术指标

检测项目	JC 900—2002《无机防水堵漏材料》国家建材行业标准要求	检测结果
凝结时间/min	初凝 2～10，终凝≤360	初凝 8，终凝≤64
抗折强度/MPa	≥3	7.9
抗压强度/MPa	≥13	23
黏结强度/MPa	≥1.4	2.03
抗渗强度（7d）/MPa	涂层≥0.4 砂浆≥1.5	涂层 1.4 砂浆 3.0
标准稠度/%	21.8	

（6）施工要求

① 施工时环境温度不低于 0℃。

② 防水粉料应现用现拌，拌和好的浆料应在 30min 内用完，以防硬化。

③ 粉料运至施工现场，切忌雨淋、受潮，存放在干燥通风处以防硬化。

（7）产品包装　霍尼漏克产品包装为 2kg、5kg、25kg 三种规格的防潮袋装或塑料桶装。该产品是无机和有机多种化工原料经合成反应而成，产品归类于刚性防水材料，与水泥、细砂配制搅拌均匀后反应生成坚硬的固体，具有固化速度快（最快 1min 左右就可固化）、早期强度高、耐渗透性好、适用范围广等特点。该产品主要适用于地下室防水带压堵漏的刚性封缝材料。

3. 水泥基渗透结晶型防水材料

该产品是以尖端科技生产的经特殊配方研制而成的干燥粉末，它是一种渗透结晶型的混凝土化学防水材料。一般的表面防水材料在经过一段时间的老化作用后，即丧失它的防水功效，但是这种防水材料属于无机物，不存在老化问题，具有永久性的防水效果，是一种无毒、无味、无害、无污染的环保型产品。

（1）性能及特点　极强的耐水能力，能长期承受强水压，在 50mm 厚的 13.8MPa 混凝土试件上，涂两层该产品，至少能承受高达 123.4m 高的水头压力（1.2MPa）；在混凝土试件表面上涂该产品后，所产生的物化反应，逐步向混凝土结构内部即上、下、左、右、前、后进行渗透，将其在室外放置半年，渗透深度为 10～15cm；该产品是无机物，所形成的结晶体不会产生老化。经过该产品处理的混凝土，即使在若干年后由于振动、沉降等原因而产生新的不规则裂缝，该产品也会进行自我修复，其中的催化剂遇水渗入便会激活该材料内部呈休眠状态的活性物质，从而产生新的晶体将缝隙密实，堵截渗漏水。凡是小于 0.4mm 的裂缝都可以填补自我修复。

（2）施工方法　在准备妥当的混凝土表面，涂刷或喷涂按体积比（5份料、2份水）调和该产品，一般涂刷或喷涂一遍需要用料0.8kg/m²；在未填放混凝土前，以撒干粉形式按一定的用量把该产品撒在垫层上，撒干粉时间为填放混凝土30min前；在混凝土填放后未完全硬结前，以撒干粉形式按一定的用量将该产品撒放在混凝土表面，然后让泥水匠抛光混凝土表面；施工完毕待初凝后，要用净水以喷雾形式连续养护2～3d。完工后36h内即可实施回填。

（3）使用限制　不要在结冰或有霜的表面施工；不要在雨天施工，新施工的表面不要被雨淋；不要在设有通风条件下、密闭的环境中施工。

（4）适用范围　地下铁道、地下室、混凝土管、水库、发电站、冷却塔、水坝、钢筋混凝土船、隧道、船坞沉箱、屋顶广场、停车平台、电梯坑、废水处理厂、游泳池、核电厂、食品储藏库、污水池、桥梁结构、水族馆、鱼类孵化物、谷物仓库、高速公路、机场、停机坪、油池、运动场、混凝土路面、卫生间。

（5）产品包装　聚乙烯编织袋，每袋装25kg；另有25kg的带密封圈塑料桶。

（6）保存　产品需置于干燥处，密封保存，避免暴晒雨淋。

（六）主要防水堵漏设备介绍

（1）切割机一台，用于切割变形缝和不规则裂缝。

（2）高压注浆泵一台，用于不规则裂缝渗漏水注浆。

（3）手动注浆泵一台，用于治理变形缝和沉降缝渗漏水。

（4）2.5kg级汽油喷灯一只，用于烘干基层。

（5）砂浆搅拌机一台，用于搅拌防水砂浆。

（6）混凝土搅拌机一台，用于搅拌细石混凝土。

（7）冲击电钻一台，用于治理不规则裂缝渗漏水打注浆孔用。

（8）专用长钻头一套，用途同（7）。

（9）凿子、榔头、抹子、油灰刀、钢丝刷、老虎钳等五金小工具若干。

（七）工程费用计算

材料费："霍尼漏克"25元/kg；抗渗漏克25元/kg；水泥基渗透结晶型防水材料35元/kg；丙乳15元/kg。

（八）施工组织及人员配备

1. 施工组织

该项目工程应实行项目法管理，设项目负责人，做到人、财、物、责、权、利到位，精心组织、科学管理，及时协调，确保各项堵漏工艺程序按要求顺利进行。

2. 人员配备

项目负责人1名，全面负责该工程的管理和与甲方联系，技术负责人兼现场工长 1 名负责施工技术和现场管理、安排和领班作业。

材料员兼安全员 1 名全方位负责现场安全和材料领发及临时购料，防水技工 25 名，负责防水堵漏施工。

施工队伍人员共配备 28 名。

（九）施工计划周期

预计施工时间为 45 个日历天，包括：组织设计、施工准备、施工周期。

总施工计划天数为 45 个日历天（特殊情况例外）。

（十）安全措施

（1）进场施工人员必须严格遵守各项操作规程，严禁违章作业。

（2）作业现场必须加强通风，保持空气清新，并配备充足的照明设施。

（3）施工用电源必须配备漏电保护装置。

（4）注浆作业必须严格控制压力，并保持各连接部件状况良好，严防高压喷浆伤人。

（十一）工程质量标准

按国家颁布的《地下工程防水技术规范》（GB 50108—2008）中规定防水达到滴水不漏的质量标准进行堵漏工程质量验收。

（十二）其他事项

（1）在施工时严禁吸烟及带入火种。

（2）必须穿戴好工作服、手套和防护眼镜。

（3）防水堵漏材料必须分类堆放整齐。

（4）双组分材料必须搅拌均匀。

（5）注浆设备每次用完后必须及时清洗。

上述防水堵漏方案仅供参考，在施工时还要根据具体情况做适当修改完善。

第二节　水泥基渗透结晶型防水材料防水工程的施工

一、水泥基渗透结晶型防水材料防水工程对材料的要求

水泥基渗透结晶型防水材料防水工程对材料提出的要求如下。

（1）水泥基渗透结晶型防水材料应有产品合格证书和性能检测报告，材料的品种、规格、性能等应符合 GB 18445—2012《水泥基渗透结晶型防水材料》国家标准提出的要求和设计要求。

（2）水泥基渗透结晶型防水材料应为无杂质、无结块的粉末，其物理力学性能要求详见第一章第一节二（一）。

（3）材料进场后，应按国家现行有关标准或 CECS 195—2006《聚合物水泥、渗透结晶型防水材料应用技术规程（附条文说明）》的规定抽样复验，并出具试验报告，不合格的材料不得在防水工程中使用。CECS 195—2006《聚合物水泥、渗透结晶型防水材料应用技术规程（附条文说明）》规定：进入施工现场的粉状渗透结晶型防水材料以每 20t 为一批，不足 20t 按一批抽样，进行外观质量检验，在外观质量检验合格的材料中，任取 5kg 样品做物理力学试验，粉状渗透结晶型防水材料的性能检验应检验安全性、凝结时间和第一次抗渗压强等项目。

（4）水泥基渗透结晶型防水材料应储存于干燥、通风、阴凉的场所。

（5）水泥基渗透结晶型防水材料所采用的拌合水应符合 JGJ 63—2006《混凝土用水标准（附条文说明）》提出的要求。

（6）复合防水层所采用的其他防水材料应符合相关产品标准的要求。

二、水泥基渗透结晶型防水材料的施工要点

水泥基渗透结晶型防水材料的施工工艺流程参见图 5-13。

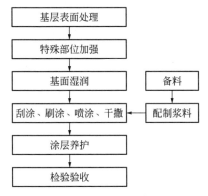

图 5-13　水泥基渗透结晶型防水材料的施工工艺流程图

水泥基渗透结晶型防水材料的施工要点如下。

（1）水泥基渗透结晶型防水材料的施工应由经资质审查合格的防水专业队伍进行施工，作业人员应持有当地建设主管部门颁发的上岗证。水泥基渗透结晶型防水材料的施工，其施工单位应有专人负责施工管理和质量控制。水泥基渗透结晶型防水材料的施工，其施工单位应建立各道工序的自检、交接检和专职人员检验的"三检"制度，并有完整的检查记录，未经监理人员（或业主代表）检查验收，不得进行下一道工序的施工。

（2）水泥基渗透结晶型防水材料宜在 5～35℃的环境气温条件下施工，露天施工不得在雨雪天、五级及五级以上风力的环境条件下作业，若遇异常天气则应采取临时遮盖等保护措施。

（3）施工现场电器设备的使用、高空作业等安全要求，必须按照国家和地方现行相关标准执行。

（4）施工前，应会审设计图纸，对施工人员进行技术交底、安全教育等培训后，方可上岗作业；施工单位应依据施工技术要求、工期和结合现场等具体情况，制订相应的施工方案。

（5）进入施工现场的水泥基渗透结晶型防水材料应防潮、防雨和防冻；施工的设备和机具应满足施工要求。

（6）水泥基渗透结晶型防水材料施工前，应对基层进行质量检验，经检验合格后方可进行防水施工，不得在不合格的基层上进行防水施工。混凝土基层表面应符合以下规定：①混凝土基体表面应平整、干净，不得有空鼓、松动、起砂、脱皮和疏松现象；②光滑的混凝土表面应打毛处理，并用高压水冲洗干净；③基层表面的蜂窝、孔洞、缝隙等缺陷，应进行修补，若混凝土基层有不小于0.4mm宽度的裂缝时，则应沿裂缝方向凿成U形槽，除净槽内碎渣，润湿而无明水后，在槽内及周边连续涂刷浆料至初凝后，用水泥基渗透结晶型防水材料半干料填平捣实；基层表面的凸块则应凿除，混凝土基层中若残留有螺栓、钢筋头等突出物，则应在其周围向内刨出圆锥形足够深度的底部割断，再按照上述的规定，用水泥基渗透结晶型防水材料半干料团填平、捣实、压光；④在水泥基渗透结晶型防水材料施工前，应清除干净混凝土表面的浮浆、浮灰、油垢、污渍以及混凝土脱模剂等；⑤铺设钢筋宜采用混凝土填块，预制好的垫块应经水泥基渗透结晶型防水材料浆料的浸泡或对其整体进行涂刷，未经处理的垫块，应在放置垫块的基层上面预先涂刷水泥基渗透结晶型防水材料浆料，其涂刷面积应大于垫块与基层接触的面积；⑥在绑扎钢筋前，将垫层的特殊部位如坑和垫层周边的斜面、地下室边墙阴阳角等特殊部位预涂水泥基渗透结晶型防水材料浆料。

（7）水泥基渗透结晶型防水材料施工前，应先对细部构造进行密封或增强处理；细部节点部位浆料的涂刷应符合以下规定：①在桩基、转角、穿墙管道、变形缝、阴阳角等细部构造的基层，应反复交叉用力均匀涂刷，使浆料与浆料之间、浆料与基层之间达到充分结合，不得有漏刷、欠刷；②在阳角或凸出部位，不得涂刷过薄；在阴角及凹处部位，其涂刷不得过厚。

（8）混凝土基体应充分湿润，基层表面不得有明水。基层润湿应符合以下规定：①混凝土结构施工完成24h左右，基层可稍加润湿；②混凝土结构施工完成时间较长或既有混凝土结构，应对基层连续润湿，直至达到饱和，无明水为止。

（9）水泥基渗透结晶型防水材料浆料、半干料的配制应符合以下规定：①水泥基渗透结晶型防水材料的浆料和半干料应按照产品说明书提供的配合比准确称量，严格控制粉料与水的比例；②配料宜采用机械搅拌，浆料的配制应将水泥基渗透结晶型防水材料徐徐加入盛水的容器中，采用低速搅拌器充分搅拌均匀，使其达到最佳均质稠浆状，配制好的浆料应色泽均匀，无干粉料团，配料量不宜过多，应随用随配，配好的浆料、半干料从加水时开始计算，配料宜在有效时间内用完，在施工过程中，应不时地搅拌混合料，不得向已经混合好的材料中另外加水；③采用喷涂工艺施工的浆料，配制后应进行试喷，其涂层应附着力好、不流坠；④拌好的半干料应手攥不散团、不出水。

（10）水泥基渗透结晶型防水材料的施工应在细部构造施工完毕并验收合格后进行。其施工条件应满足以下要求：①穿墙管道、变形缝、后浇带、预埋件等细部节点部位按相关设计施工后，应验收合格；②施工现场应有适用拌料或喷涂机械使用的电源；③施工现场不得与其他工种交叉作业；④基层的阴阳角应做成圆弧形，且圆弧直径应大于10mm。

（11）刮涂、刷涂和喷涂施工应符合以下规定：①地下室采用外防外涂法施工时，其涂刷顺序应先施工平面，后施工立面，采用外防内涂法施工时，应先施工立面，后施工平面；②水泥基渗透结晶型防水材料施工前应根据设计的要求，确定材料的单位面积用量以及施工的遍数；③涂层应通过两遍或多遍刮涂（刷涂、喷涂）达到规定单位量，多遍涂刷时，每一遍涂刷均应交替改变涂刷的方向；④采用刮涂工艺施工时，刮涂不宜往返多次刮涂，刮涂后的防水涂层，应在初凝前尽快用毛漆刷蘸水涂刷均匀；⑤采用喷涂工艺施工时，喷枪的喷嘴应垂直于基面，合理调整压力、喷嘴与基层的最佳距离，保持喷料压力平稳，喷嘴移动速度均匀；⑥同层刮涂（刷涂、喷涂）其接茬宽度宜大于100mm，大面涂层与细部构造涂层间应达到均匀一致、连续、无接缝；⑦每遍涂层施工完成后，应按照产品说明书规定的间隔时间进行第二遍施工。

（12）干撒施工应符合以下规定：①在进行干撒施工前，必须确定防水工程所需的水泥基渗透结晶型防水材料的总用量；②水泥基渗透结晶型防水材料通过30目或40目筛网一次性均匀的撒布到规定单位质量；③采用干撒法工艺施工时，当先干撒水泥基渗透结晶型防水材料时，应在混凝土浇筑前30min以内进行；如先浇筑混凝土，则应在混凝土初凝前干撒完毕；④边浇边撒施工时，要求提前准备好材料，边浇筑混凝土边定量筛撒干粉，撒布应均匀；⑤干撒水泥基渗透结晶型防水材料后，应立即收浆压实，待其终凝后，方可进行下道工序施工。

（13）涂层终凝后，应及时进行涂层养护，其养护应符合以下规定：①涂层终凝后，应及时进行喷雾干湿交替养护，养护时间不得少于72h，养护期间应避免积水浸泡；不得采用蓄水或浇水养护；②若施工现场通风不畅，宜采用鼓风、排风等措施。

（14）防水工程施工完成后，应及时做好成品保护，涂层的保护应符合以下规定：①在涂层终凝前，不得踩踏、严禁砸碰、硬物刮划等其他对涂层有危害的作业，不慎损坏涂层应及时进行修补以达到初始涂层状态；②涂层在48h之内应防止雨淋、暴晒、污水、霜冻或 4℃ 以下低温；③干撒的水泥基渗透结晶型防水材料不能被风吹散，以防止涂层出现厚薄不匀的缺陷；④水泥基渗透结晶型防水材料采用干撒法施工后，应避免水流浸泡；⑤水泥基渗透结晶型防水材料防水工程竣工后，严禁在涂层上凿孔打洞。

（15）水泥基渗透结晶型防水材料防水工程应按 GB 50300—2013《建筑工程施工质量验收统一标准》、GB 50208—2011《地下防水工程质量验收规范》等国家现行标准及 CECS 195—2006《聚合物水泥、渗透结晶型防水材料应用技术规程（附条文说明）》规定进行施工质量控制和验收。

（16）水泥基渗透结晶型防水材料防水工程的质量要求及检验应符合以下规定：①水泥基渗透结晶型防水材料的品种、规格和质量应符合设计和国家现行有关标准的要求；②施工配合比应符合产品说明书的要求；③建筑室内防水工程、建筑屋面防水工程、建筑外墙防水工程或构筑物防水工程不得有渗漏现象；地下防水工程应符合相应防水等级标准的要求；④细部构造做法应符合设计要求；⑤水泥基渗透结晶型防水材料的单位用量不得小于设计规定；⑥水泥基渗透结晶型防水材料的涂层与基层应黏结牢固，不粉化，涂布均匀；⑦水泥基渗透结晶型防水材料防水涂层的养护方法和养护时间应符合 CECS 195—2006《聚合物水泥、渗透结晶型防水材料应用技术规程》的规定。

（17）水泥基渗透结晶型防水材料防水工程的验收应符合以下规定：

① 防水工程应按工序或分项工程进行验收，构成分项工程的各检验批应符合相应质量标准的规定；

② 工程验收时，应提交下列技术资料，并整理归档；

a. 防水设计：设计图及会审记录、设计变更通知单和工程洽商单；

b. 施工方案：施工方法、技术措施、质量保证措施；

c. 技术交底：施工操作要求及注意事项；

d. 材料质量证明文件：出厂合格证、产品质量检验报告、试验报告；

e. 施工单位资质证明：资质复印证件；

f. 施工日志：逐日施工情况；

g. 中间检查记录：分项工程质量验收记录、隐蔽工程检查验收记录、施工检验记录；

h. 工程检验记录：抽样质量检验和观察检查、淋水或蓄水检验记录、验收报告。

（18）水泥基渗透结晶型防水材料防水涂层养护完毕经验收合格后，在进行下一道工序前应将其表面析出物清理干净。

（19）回填应符合以下规定：①当涂层养护 48h 后，72h 前必须进行回填时，应回填湿润软土；②游泳池、蓄水池等混凝土结构必须经过 3d 的养护之后，再放置 7d 方可使用；对有腐蚀性液体的混凝土结构，需放置 18d 才能灌盛。

三、常用施工工具

合理的设计方案、正确的防水施工、优质的涂料内在品质，是防水工程的质量保证。水泥基渗透结晶型防水材料施工操作方便，施工人员容易掌握，这为确保防水施工质量提供了良好的条件。

水泥基渗透结晶型防水材料施工通常以手工作业为主，不仅要求操作人员具有熟练的技术，还必须采用得心应手的工具。涂料施工用的工具及设备种类繁多要学会选择、使用，必要时甚至还需自制一些工具。

（一）手工工具

（1）调料刀　调料刀为圆头、窄长而柔韧的钢片，钢片端部不应弯曲、卷起，刀片长度为 75～300mm，见图 5-14(a)。其用途是在涂料罐里或板上调拌浆料。

（2）油灰（腻子）刀　刀片一边是直的，另一边是曲形的，也有两边都是曲形的，刀片长度为 112mm 或 125mm，见图 5-14(b)，其用途把半干料填塞进小孔或裂缝中，刀片端部如磨损或者起有毛刺时应及时修磨。

（3）斜面刮刀　周围是斜面刀刃，见图 5-14(c) 所示的 3 种形状，其用途是刮除凹凸线脚、檐板旧油漆碎片，用来清理灰浆表面裂缝。应经常锉磨，保持刮刀刃锋利。

（4）刮刀　见图 5-14(d)，刀片宽度为 45～80mm 之间，可用来清除旧油漆或基材上的斑渍。

（5）剁刀　见图 5-14(e)，为一带有皮革手柄和坚韧结实的金属刀片。刀背平直，便于用锤敲打，刀片长为 100mm 或 125mm，一般不用。

（6）搅拌棒　见图 5-14(f)，为一坚硬、有沿、叶片形的棒。端部扁平，在搅拌涂料时，可与涂料罐的底部很贴切，棒上的孔沿便于涂料通过，可改善搅拌效果。

（7）锤子　见图 5-14(g)，质量在 170～227g，可与冲子、錾子、砍刀配合使用，清除混凝土蜂窝麻面用。

（8）金属刷　见图 5-14(h)，带木柄，装有坚韧的钢丝，铜丝刷不易引起火花，可用于易燃环境，有多种形状，长度为 65～285mm。用于清除混凝土上的腐蚀物或在涂装前清扫表面上的松散沉积物。

（9）尖镘　见图 5-14(i)，其刀片为 125mm 与 150mm，用于修补大的裂缝和孔穴。

（10）托板　见图 5-14(j) 托板，用油浸胶合板、复合胶合板或厚塑料板制成。用于托装各样填充料，在填补大缝隙和孔穴时它来盛放砂浆。用于填抹大孔隙的托板，尺寸为 100mm × 130mm；用于填抹细缝隙的托板，尺寸为

180mm×230mm（手柄的长度在内）。

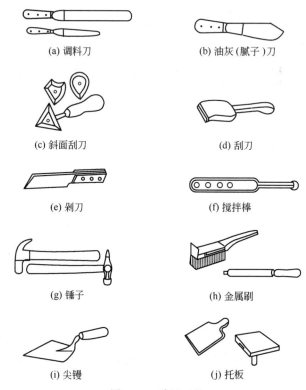

(a) 调料刀　　　　　　　　(b) 油灰（腻子）刀

(c) 斜面刮刀　　　　　　　　(d) 刮刀

(e) 剁刀　　　　　　　　(f) 搅拌棒

(g) 锤子　　　　　　　　(h) 金属刷

(i) 尖镘　　　　　　　　(j) 托板

图 5-14　手用工具

（二）盛装涂料的容器

（1）小提桶　见图 5-15(a)，由铁皮、镀锌铁皮或塑料制成，用于盛装零散涂料，其罐口直径为 125mm、150mm、180mm 和 200mm，可装涂料 3/4L、1L、3/2L 和 5/2L。

(a) 小提桶　　　　　　　　(b) 提桶

(c) 桶钩　　　　　　　　(d) 涂料盘

图 5-15　涂料容器

（2）桶钩　见图5-15（c），用铁丝弯成双钩，可使涂料桶挂在梯子凳（或脚手架）上，以便腾出双手涂刷涂料。

（3）提桶　见图5-15（b），用镀锌铁皮、橡胶或塑料制成，容量为7L、9L和14L等，用于盛装水、洗涤剂等。

（4）涂料盘　见图5-15（d），金属或塑料的方盘，宽度以能容装滚筒（或刷具）为准，180～350mm不等。带有铁丝提手的铁皮罐、铁皮槽或铁皮桶，铁皮侧稍高，盛装容量不超过10L，其用途主要是在滚涂时盛装供滚筒用的涂料，要求能使滚筒上均匀布满涂料。

（三）辊筒

辊涂施工的主要设备是辊筒（又称辊刷）和涂料盘。

辊筒辊涂省时省力，效率可比刷涂高出2倍，而且操作容易，涂饰效果好。辊涂的效果与其工具辊筒的质量有很大的关系，一定要选择适宜、优质的辊筒。

1. 辊筒的类型

辊筒可分为普通辊筒、异形辊筒、压力送料辊筒3类。

（1）普通辊筒　见图5-16（a），这种辊筒是最为普通常见的一种辊筒。由一个包有细纤维层的筒芯安在带有手柄的轴上，大多数辊筒外包的纤维层套都可以更换，辊筒有单框和双框之分。

（2）异形辊筒　见图5-16（b），异形辊筒的种类很多，有辊涂管柱面的凹形辊筒；有由多个小型辊筒安装在弹簧轴上，可弯曲成任何尺寸的曲面辊筒；铁饼形辊筒可滚涂墙角和镶板上的凹槽。

（3）压力送料辊筒　见图5-16（c），辊筒筒芯表面布满小孔，涂料经真空泵、软管和手柄送到筒芯，经小孔从筒套流现出，涂料的流量受手柄上的开关控制（一般不用）。

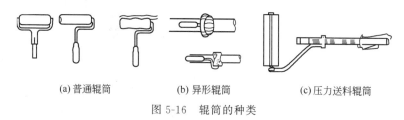

(a)普通辊筒　　　　(b)异形辊筒　　　　(c)压力送料辊筒

图5-16　辊筒的种类

2. 辊筒的结构

辊筒的构造见图5-17。

（1）筒套　筒套是辊筒中最重要的组成部分，宽度一般为117.8～228.6mm，筒套的两端呈斜角形，它可以防止边缘绒毛的缠结及涂料堆积的痕迹，筒套上的绒毛以呈螺旋形盘绕在筒套衬上的为好，筒套衬一般为塑料纸板制成。

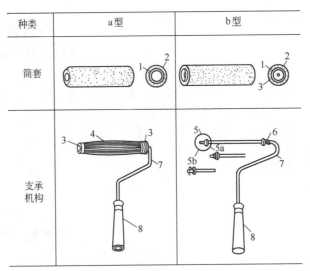

图 5-17　辊筒的构造

1—辊芯；2—含漆层；3—支承座；4—弹簧钢胀；5—刷辊固定机构；
5a—螺栓式；5b—开口销式；6—弹簧；7—支承杆；8—手柄

（2）辊芯　要有一定的强度和弹性，以便能支撑筒套，不会使筒套在中间形成塌陷，辊芯两侧端盖内应装有轴承，以便辊芯可快速平稳滚动而筒套不会脱落。

（3）支承杆　支承杆有单、双支承杆两种，支承杆应具有一定强度和耐锈蚀能力。

（4）手柄　手柄的端部应带有丝扣，以连接加长的手柄，便于辊涂顶棚、高墙等处，加长手柄一般长度为 2m。

3. 筒套的种类

各种筒套材质的性能见表 5-14。

表 5-14　筒套材质的种类及性能

材质种类	性　　能
长绒盖羊毛	涂料吸收性好、涂膜厚，在光滑面辊涂涂膜纹理深、绒毛易缠结。因羊毛吸水后易变软、膨胀、缠结，上下窜动，故不宜辊涂水泥基渗透结晶型防水材料
短绒盖羊毛	具有筒套材料的一般性能，适用于平滑表面辊涂水性涂料和油性涂料，不宜辊涂水泥基渗透结晶型防水材料
马海毛（安哥拉山羊毛）	绒短、易散开、不缠结、辊涂纹理浅，适宜在平整面上辊涂有光涂料，不宜辊涂水泥基渗透结晶型防水材料
合成纤维	具有筒套材料所具有的各种性能。这类纤维弹性好、不易变形、能确保前后辊涂效果一致，适宜辊涂水泥基渗透结晶型防水材料
泡沫塑料	价格便宜，一般只使用几次，被涂料浸泡时间过长时易从筒芯上滑脱，不易辊涂均匀

4. 辊筒的保管

① 辊筒在存放前必须清洗干净，不应含有涂料溶液；

② 清洗后，必须悬挂起来干晾着，否则会把筒套绒毛压皱变形；

③ 应存放在清洁、干燥、通风的房间内，否则筒套易受蚀发霉。

（四）刮刀

涂料刮涂常用的工具有铲刀、腻子刮铲、牛角刮刀（又称牛角翘）、钢板刮刀、橡胶刮刀（又称胶皮刮刀）、塑料刮刀、嵌刀、腻子盘以及托腻子板等。各种刮刀的种类及特点见表 5-15。

表 5-15 刮刀的种类及特点

刮刀种类	特 点	图 形
木制刮刀	1. 用柏木和枫木之类的木材制作,制作容易,具有合适的弹性 2. 竖式木刮刀刃宽为 10～150mm,刃宽大的用于一般涂涂,刃宽小的用于修理涂层缺陷 3. 横式木制刮刀刃宽通常超过 150mm,刮刀高度不超过100mm,用于刮涂大的平面和圆曲面	
钢制刮刀	1. 用弹簧钢板制作,具有较强的韧性和耐磨性,常用的钢板厚度为 0.5～1mm 2. 竖式钢制刮刀用于调拌浆料、小面积刮涂和涂刮修整表面凹凸不平的缺陷 3. 横式钢制刮刀刃宽可达 400mm 以上,用于大面积刮涂 4. 刃口的边角要磨圆,刃口适当打磨,不能太锋利,也不能太钝	
牛角刮刀	1. 用水牛角制成,形状与竖式木制刮刀近似 2. 具有弹性,适宜用于对涂层进行修整补平和填补针眼 3. 不耐磨,不适宜大面积刮涂或刮涂粗糙的表面 4. 刃口要磨薄,应呈 20°～30°,且刃口要磨平直	
塑料刮刀	1. 用硬质聚氯乙烯塑料板制成,常用板厚为 3mm,可制成各种不同刃宽的规格 2. 刃口要磨成一定角度,刃口要磨平直 3. 适宜大面积刮涂、尤其适宜刮涂稠度小的浆料	
橡胶刮刀	1. 用耐溶剂、耐油的橡胶板制作,常用的橡胶板厚为 4～10mm,可制成各种刃宽的规格 2. 刃口不能磨得太高,以免刮涂时强度不够 3. 有很高的弹性,适宜刮涂形状复杂的被涂物表面 4. 强度低,不适宜填坑补平	
铲刀	规格:宽度有 1 in、1.5in、2in、2.5in 用于消除附着的松散沉积物	
锅刮板	带有手柄的薄钢刀片,其结构比腻子铲刀简单、刀片更柔韧 规格:宽度为 80mm、120mm 用途与腻子刮铲相似	

续表

刮刀种类	特　点	图　形
腻子 刮铲	外表与铲子相似,但刀片薄,经特殊处理后非常柔韧,刀片本身虽不要锋利,但应薄、平整和不应有任何缺口。宽度在 6in 以上,用于刮腻子填充木材表面的小孔或浅坑处。不使用时,应用木或铅制的外套保护刀刃	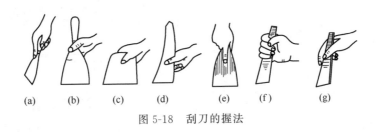

注：1in＝25.4mm。

　　刮刀的握法要根据施工的对象灵活运用,以刮涂有力、操作方便、刮平填实为目的,刮刀的握法有直握和横握之分,参见图 5-18。直握时,食指压紧刀板,拇指和另外几指握住刀柄;横握时,拇指和食指夹持刮刀靠近刀柄部分,另外三指压在刀板上,刮涂时,可根据被涂件选择刮刀,根据刮刀确定握持方法。

(a)　(b)　(c)　(d)　(e)　(f)　(g)

图 5-18　刮刀的握法

（五）漆刷

　　C 型涂料施工采用刷涂工艺,其刷涂工具主要有漆刷、盛放浆料的容器等。漆刷的种类很多,构造及其特点见表 5-16 和表 5-17。

表 5-16　漆刷的结构

漆刷类型	特　点	图　形
A 手柄	一般用硬木制作,并采取封闭处理,以便加工、清理和防止水浸入,也有用塑料做的	
B 柄卡	用它把手柄和刷毛固定在一起,一般是用镀镍铁皮制作 固定方法:(a)把铁皮铆在手柄上 　　　　　(b)用无缝型固定件压在手柄上	
C 胶黏剂	是一种胶,把刷毛根粘在手把上。一般是环氧树脂	
D 刷毛	有以下几种: 1. 猪鬃; 2. 人造纤维,如尼龙、贝纶、尼龙长丝; 3. 鬃、毛发和纤维的混合物	

表 5-17　常用漆刷的构造与特点

漆刷种类	构　造	特　点	图　形
扁形刷	由木柄(木柄一端呈扁形)、刷毛和长方筒状薄铁卡箍构成,刷毛采用猪鬃制作。按刷毛宽度分为 25mm、38mm、55mm、75mm 等多种	适应性很强、最常用,可用于刷涂渗透结晶型防水材料	
圆形刷	由圆形木柄、圆形刷毛和薄铁卡箍构成,刷毛多采用猪鬃制作。图形刷的规格以圆形刷毛的直径表示	配合扁形刷使用,用于刷涂形状复杂的部位	
歪柄刷	由歪木柄、刷毛和薄铁卡箍构成,刷毛呈扁形,歪木柄通常偏歪45°,木柄较长	配合扁形刷使用,用于扁形刷不易刷涂的部位	
板刷	由薄板刷柄、刷毛和薄铁卡箍构成,分硬毛和软毛两种,刷毛采用猪鬃或羊毛制作,刷毛较薄	可代替扁形刷使用,适宜用于涂装质量要求较高的场合	
排笔刷	排笔刷是将刷毛黏结固定在竹管口子一端,形状似毛笔,然后将一定数量的单个竹管刷串扎成不同规格的排笔刷。排笔刷属软毛刷,刷毛采用羊毛制作,常见的有 4 管、6 管、8 管、10 管、12 管等几种规格	适用于建筑行业刷涂大面积墙面,宜用于刷涂渗透结晶型防水材料	

漆刷按其制作的材料可分为硬毛刷、软毛刷两类,硬毛刷主要用猪鬃制作,软毛刷常用狼毫、獾毛、绵羊毛、山羊毛等制作,刷毛的种类见表 5-18。

表 5-18　刷毛种类和特性

刷毛种类	来　源	特　性
纯猪鬃	家猪或野猪,以中国猪鬃为上品	1. 沿整个鬃丝长度有细牙样的锯齿,它们能防止鬃毛靠紧在一起,使刷子能储存大量涂料 2. 鬃毛从根到梢,有自然的斜锥度,便于把鬃毛成刷型拢在一起 3. 自然的弯曲能使刷毛向内弯靠在一起
马鬃	马颈及马尾	其弹性小、没斜度,但可用机械方法在鬃毛上的顶部分成叉。有时用它与纯猪鬃混合,制成一种较柔软的、便宜的刷子
人造合成纤维	尼龙、尼龙长丝、贝纶等	它们可以有斜度和顶部分叉,但不能制成锯齿状,因而不能像鬃毛刷子那样储存较多的涂料,它们的弹性和恢复性不比猪鬃差,非常耐磨,不怕一般溶剂和许多化学物质侵蚀,不怕虫和毒菌损害。由于猪鬃稀少和价格昂贵,合成纤维鬃已被广泛采用
植物纤维	草及各种植物	有斜度和锯齿形,但可用机械方法在顶部上分叉。粗糙、弹性差,可与猪鬃或马鬃掺杂使用,以降低成本或只作刷洗用,耐碱

1. 漆刷的选用

漆刷一般以鬃厚、口齐、根硬、头软、无断毛和掉毛、蘸溶剂后甩动漆刷而漆刷前端不分开者为上品。漆刷的选用原则见表 5-19。

表 5-19　漆刷的选用原则

选用原则	选择内容
注意漆刷的质量	1. 刷毛的前端要整齐 2. 刷毛黏结牢固,不掉毛
适应涂料的特性	1. 黏度高的涂料,如调和漆、磁漆等,可选用硬毛刷,如扁形硬毛刷、歪柄硬毛刷等 2. 黏度低的涂料,如各种清漆,可选用刷毛较薄的硬毛或软毛刷 3. 水性涂料需选用含涂料好的软毛刷,如羊毛板刷和排笔刷
适应被涂物的状况	1. 一般被涂物的平面或曲面部位,可按照涂料特性,选用扁形刷、板刷或排笔刷 2. 被涂物表面面积大选用刷毛宽的漆刷,面积小选用刷毛窄的漆刷 3. 被涂物的隐蔽部位或操作者不易移动站立位置时,可选用长歪柄漆刷 4. 表面粗糙的被涂物,可选用圆形刷,因圆形漆刷含料量多,易使涂料润湿粗糙的表面,并渗入孔穴

在其他场合使用时,各种刷具的选用见表 5-20。

表 5-20　各种刷具的选用

类别	规格	用途	使用方法
猪鬃油漆刷	3～6in 的扁平刷	涂刷各种基层上的酚醛、醇酸、清漆、磁漆及各种油性色漆等黏度较大的油漆。墙面、顶棚、屋面等大面积的平面	用右手握住靠近刷子的手柄部位,大拇指在一面,食指和中指在另一面夹住木柄,其他两指自然排列在中指后边 用 3～6in 大板刷涂刷墙面等大面积时,也可满把握刷 涂刷时用手腕带动油刷,有时也用手臂和身躯的移动来配合。手腕要灵活、用力,走刷速度要均匀、稳定,宜选用大规格的刷子使用
	2～2.5in 的扁平刷	这类的油刷常用于平坦面较少的部位如钢木门、楣檐等	
	1.5～2in 扁平刷	钢窗、木门窗框等较小不太容易涂刷的部位	
	0.5～1in 的扁平刷、楔形刷或圆形刷	常用于细小的装饰部件等	
排笔		刷涂虫胶清漆、硝基清漆、丙烯酸清漆、聚氨酯清漆等黏度较低的涂料及各类水浆涂料、水色、酒色等	涂刷水浆涂料时,拿住排笔的右上角(左手拿左角),拇指压在排笔的一面,另外四指在另一面或拳形握住。涂刷时不要用移动整个手臂的动作带动排笔,只能用手腕的上、下、左、右转动带动排笔,用笔毛的正反两个平面拍打墙面。刷涂其他涂料时用右手大拇指和中间三指夹住排笔右上部刷涂时,要用手臂和身体来配合手腕的移动
	4～8 管 8～16 管 16～20 管	虫胶清漆; 各类树脂清漆; 水色、酒色; 各种水浆涂料	

续表

类 别	规 格	用 途	使 用 方 法
板刷	0.5～5in	涂刷虫胶清漆、硝基清漆、聚氨酯清漆及丙烯酸清漆等黏度低的涂料	握住和涂刷方法与油漆刷基本相同
圆毛刷		在砖石、混凝土等粗糙面上刷涂各类水浆涂料	用双手握住刷柄，如为省力可加上长手柄。刷涂时成圆形走刷以减少刷痕
大漆刷和发刷		大漆刷用来涂刷生漆、推光漆，发刷用于大漆刷刷涂后的收理和消除刷痕	右手的大拇指与中指、食指分别夹住刷柄的两个面，其他两指自然地贴在另一面。刷涂时要握牢，拿稳刷柄，用手腕和手臂适应涂饰表面的形状

注：1in＝25.4mm。

2. 扁形刷的使用方法

扁形刷是刷涂生产施工中最常用的刷子，操作使用方便，生产效率高，刷涂质量好。扁形刷在使用前，应用剪刀剪齐刷毛尖部，要求横向成一条直线，纵向无长短不齐，新漆刷初次使用时刷毛易脱落，应将漆刷放在1号砂布上，来回砂磨刷毛头部，将其磨顺磨齐，然后即可蘸取少量涂料在旧的物面上来回涂刷数次，使其浮毛、碎毛脱落。此外，漆刷使用前，还应检查刷头占刷柄是否松动，如有松动，可在两面铁框（柄卡）上各钉几个钉子加固。

刷涂水平面时，每次刷涂按毛长的2/3；刷涂垂直面时，每次刷涂按毛长的1/2；刷涂小件时，每次刷涂按毛长的1/3。每次刷涂后应将刷子的两面在涂料桶内壁上轻拍几下，这样上涂料不易滴落。

刷子的握法见图5-19。

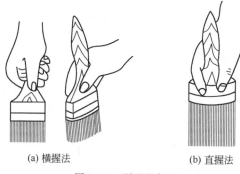

(a) 横握法 (b) 直握法

图5-19 刷子的握法

（1）拇指在前，食指、中指在后，抵住接近刷柄与刷毛连接处的薄铁皮箍上部的手柄上，刷子应握紧，不使刷子在手中任意松动。

（2）大拇指握刷子的一面，食指按搭在手柄的前侧面，其余三指按压在大拇指相对面的刷柄上，刷柄上端紧靠虎口，刷子与手掌近似垂直状，适用于横刷、上刷等。

（3）大拇指按压在刷柄上，另外四指和掌心握住刷柄，漆刷和手基本处于直线状态，适用于直刷、横刷、下刷等操作。

上述 3 种握法必须握紧刷柄，不得松动，靠手腕的力量运刷，必要时以手臂和身体的移动配合来扩大涂刷范围，增加刷涂力量。

3. 排笔的使用方法

排笔刷有多种规格，常见的有 4 管、6 管、8 管、10 管、12 管等，为握刷方便，排笔刷拼合竹管两侧均做成圆弧形状。

排笔刷的握法如图 5-20 所示。

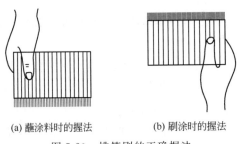

(a) 蘸涂料时的握法　　　　(b) 刷涂时的握法

图 5-20　排笔刷的正确握法

大拇指在前，其余四指在后弯曲形成头状，抵住排笔的后面，紧握排笔刷的右侧竹管一边。操作时，排笔刷不得在手中任意松动。刷涂时，蘸涂料不能超过刷毛的 2/3 处，并应在涂料桶内壁两侧往复轻刮两下，理顺刷毛尖，同时利于涂料均匀布满刷毛头部。刷涂时，拉刷要拉开一定的距离，靠手腕的上、下、左、右摆动均匀地进行刷涂，手臂与身体的移动相互配合，若正确地使用排笔刷，其刷涂质量比使用其他的刷涂工具的涂装质量要好得多，尤其是刷涂大平面涂层质量要求较高的被涂物件时，采用排笔刷涂，其刷涂效率高，且质量好。

排笔刷的刷涂部分由羊毛制成，羊毛质松柔软，易脱落，使用前应先用热水浸泡，理顺刷毛，晾干后用油纸包好备用，使用时用工业酒精浸软刷毛部分的 1/2 即可使用。用毕需清洗干净，尤其是刷涂带颜料的涂料，若清洗不及时或不干净时，会使白色刷毛染上涂料色，再使用时则会混色，清洗不干净，还很容易使刷毛根部硬化断裂脱落。

（六）电动搅拌器

水泥基渗透结晶型防水涂料施工所用的搅拌设备主要有电动搅拌器、搅拌桶、人工搅拌棒等。

电动搅拌器主要用于液料和粉料的混合，应先将液料放入搅拌器中，然后开动电动搅拌器开始搅拌，搅拌容器应选用圆的铁筒或塑料桶，以便于搅拌均匀，采用电动搅拌器搅拌时，应选用功率大，旋转速度不太高，但旋转力强的搅拌器，如果旋转速度太快，就容易把空气裹进去，涂刷时涂膜就容易起泡。目前施工现场使用的电动搅拌器可采用转速 200r/min 的手用电钻改制。

如采用搅拌棒人工搅拌时，应注意将涂料上下、前后、左右及各个角落都充分搅匀，搅拌时间一般为 3～5min，但应以搅拌均匀为标准。

（七）磅秤

涂膜防水工程所用的计量工具主要是磅秤，TGT-50 型磅秤的规格如下：

最大称量	50kg
承重板（长×宽）号	400mm×300mm
刻度值	最大 5kg
	最小 0.05kg
秤砣规格及数目	200kg、1 个,10kg、2 个,5kg、1 个

磅秤使用前应仔细检查零件是否完整，加放物体的位置宜放在台板的中央，并应注意，被称物体除与台板接触外不得与其他物体接触，被称物体不能超过台秤的最大称量值。磅秤必须放在平硬的地面上并保证其四轮或无轮的四角同时着地，如不着地可用坚硬的物片垫上以保证磅秤平稳，并应保证台板所构成的平面与地平面平行，同时与立柱所构成的平面互相垂直。使用中的磅秤应按规定的周期进行检定，使用后要保持清洁。

四、涂料的基本操作技术

（一）清除

清除是指各类基面在涂刷前进行处理的技术，清除的操作技术主要有手工清除、机械清除、化学清除和热清除等。水泥基渗透结晶型防水涂料的清除主要采用手工清除。

手工清除主要包括手工铲除和刷除。手工清除的方法见表 5-21。

表 5-21 基层手工清除的方法

种类	操作方法	适用范围
扁錾铲除	须与手锤配合使用,錾削时要稍有凹坑,不要有凸出。铲除边沿时要从外向里铲或顺着边棱铲。錾子的后刀面与工作面要有 50°～80°的夹角。錾子前后刀面的夹角叫楔角,铲除材料不同,楔角的大小也各异	铲除金属面上的毛刺飞边、凸缘等。一般不用
铲刀清除	一般选用刀刃锋利、两角整齐的 3in 铲刀。铲除水浆涂料应先喷水湿润;铲除水泥、砂浆等硬块时,最好使用斜口铲刀,要满掌紧握刀把,用手指顶住刀把顶端使劲铲刮	清除水泥、抹灰的旧涂层、硬块及灰尘杂物等
刮刀刮除	有异形刮刀和长柄刮刀两种,异形刮刀一般与脱漆剂或火焰清除设备配合使用;长柄刮刀单独使用时,一手压住刮刀端部,另一手握住把柄用力向下刮除	一般不用

续表

种类	操 作 方 法	适 用 范 围
金属刷清除	有钢丝刷和铜丝刷两种,铜丝刷不易引起火花,可在极易起火的环境使用。清除时两脚要站稳紧握刷柄,用拇指或食指压在刷背上向前下方用力推进,使刷毛倒向一侧,回来时先将刷毛立起然后向后下方拉回,不然刷子就容易走边蹦,按不住,除掉的东西也不多,只有几道刷痕。如果刷子较大,在刷背上按一个手柄,双手操作会更省力	消除混凝土面上的松散、锈蚀或旧涂层,也可清除水泥面上的沉积物或旧涂层

　　注：1in＝25.4mm。

（二）防水涂料的刮涂

　　防水涂料的刮涂是将厚质防水涂料均匀地批刮于防水基面上，形成厚度符合设计要求的防水涂膜。

1. 刮涂施工工艺

　　刮涂常用的工具有牛角刀、油灰刀、橡皮刮刀和钢皮刮刀等。刮涂施工的施工要点如下。

　　（1）刮涂时应用力按刀，使刮刀与被涂面的倾斜角为 $50°\sim60°$，按刀要用力均匀。

　　（2）涂层厚度控制，一般刮涂 $1\sim2$ 遍，总厚度为 $0.8\sim1.5$mm。

　　（3）刮涂时只能来回刮 $1\sim2$ 次，不宜往返多次刮涂，否则出现"皮干里不干"现象。

　　（4）遇有圆、棱形基面，可用橡皮刮刀进行刮涂。

　　（5）为了加快施工进度，可采用分条间隔施工，待先批涂层干燥后，再抹后批空白处。分条宽度一般为 $0.8\sim1.0$m。

　　（6）待前一遍涂料完全干燥后可进行下一遍涂料施工。一般以手按或脚踩无印时才进行下一道涂层施工。

　　（7）当涂层出现气泡、起粉、起皮等情况，应找出原因立即进行修补。

2. 刮涂施工注意事项

　　（1）防水涂料使用前应特别注意搅拌均匀，因为防水涂料有较多的填充料，如搅拌不均匀，不仅涂刮困难，而且未搅匀的颗粒杂质残留在涂层中，将成为隐患。

　　（2）个别产品为了增加防水层与基面的结合力，要求在基面上先涂刷一遍基面处理剂。当使用某些渗透力较强的防水涂料，可不涂刷基面处理剂。

　　（3）防水涂料的稠度一般应根据施工条件、厚度要求等因素确定。

　　（4）待前一遍涂料完全干燥，缺陷修补完毕并干燥后，才能进行下一遍涂料施工。后一遍涂料的刮涂方向应与前一遍刮涂方向垂直。

（5）防水涂层施工完毕，应注意养护和成品保护。

（三）防水涂料的刷涂

刷涂是水泥基渗透结晶型防水材料施工中应用最早、最普遍的施工方法，它的优点是工具简单、节省涂料、适应性强，不受场地大小、基面形状和尺寸的限制，涂层的附着力和涂料的渗透性也比较好。

1. 刷涂的基本操作方法

刷涂前先将漆刷沾上涂料，需使涂料浸满刷毛的 1/2，漆刷在黏附涂料后，应在涂料桶边沿内侧轻拍一下，以便理顺刷毛并去掉黏附过多的涂料。

刷涂通常按涂布、抹平、修整 3 个步骤进行。涂布是将漆刷刷毛所含的涂料涂布在漆刷所及范围内的被涂覆物表面，漆刷运行轨迹可根据所用涂料在被涂覆物表面的流平情况，保留一定的间隔；抹平则是将已涂布在被涂覆物表面的涂料展开抹平，将所有保留的间隔都覆盖上涂料，不得使其露底；修整是按一定方向刷涂均匀，消除刷痕与涂层厚薄不均的现象。

刷涂快干涂料（如速凝涂料）时，不能按照涂布、抹平、修整 3 个步骤进行，只能采用一步完成的方法，由于快干涂料干燥速度快，不能反复涂刷，必须在将涂料涂布在被覆盖面上的同时，尽可能快地将涂料抹平、修整好涂层。

2. 刷涂的注意事项

（1）刷涂时漆刷蘸涂料、抹布、抹平、修整这几个步骤其操作应该是连贯的，不应该有停顿的间隙，熟练的操作者可以将这几个操作步骤融合为连续的一步完成。

（2）涂布、抹平、修整 3 个步骤应纵横交替地刷涂，但被涂物的垂直面，最后一个步骤应沿着垂直方向进行竖刷。

（3）在进行涂布和抹平操作时，漆刷要求处于垂直状态，并用力将刷毛大部分贴附在被涂物表面，但在整修时，漆刷应向运行的方向倾斜，用刷毛的前端轻轻地刷涂修整，以便达到满意的修整效果。

（4）漆刷每次的涂料黏附量最好基本保持一致，只要漆刷的规格选用得当，漆刷每次黏附的涂料刷涂面积也能基本保持一致。

（5）刷涂面积较大的被涂物时，通常应先从左上角开始刷涂，每蘸一次涂料后按照涂布、抹平、整修 3 个步骤完成一块刷涂面积后，再蘸涂料涂刷下一块面积。

（6）仰面刷涂时，漆刷黏附涂料要少一点，刷涂时用力也不要太重，漆刷运行也不要太快，以免涂料掉落。

3. 刷涂涂层常见缺陷及改进方法

刷涂涂层常见缺陷与改进的方法见表 5-22。

表 5-22　刷涂涂层常见缺陷与改进方法

缺陷	原　　因	改进方法
流挂	1. 选用的漆刷刷毛过宽，与被涂物状况不适应 2. 漆刷蘸取的涂料过多	1. 根据被涂物选用规格合适的漆刷 2. 漆刷应按照预定的涂刷面积蘸取涂料
气泡、起粉、起皮	1. 浆料搅拌不均匀 2. 基层表面黏附有油、水或灰尘 3. 刷涂时未纵横交替地进行涂布、抹平、修整 4. 未按规定的水灰比拌料	1. 使用前一定要均匀地搅拌浆料 2. 刷涂前仔细清理被涂物表面 3. 三步骤应纵横交替地进行 4. 按配比拌料
涂层厚度不均	1. 抹平、修整时间过长 2. 刷子每次蘸取的涂料不一致，差别明显 3. 涂料黏度过高，或高黏度涂料选用了刷毛软的漆刷	1. 尽量缩短抹平、修整时间，不要停顿 2. 刷子每次蘸取的涂料和所涂刷的面积，要基本一致 3. 选用合适的刷子

五、水泥基渗透结晶型防水材料常用施工工法

水泥基渗透结晶型防水材料常用施工工法主要有三种：刮涂施工法、刷涂施工法（也可用喷涂法）、干撒施工法。

（一）基层处理

使用水泥基渗透结晶型防水材料的基面应干净无浮层、旧涂膜、尘土污垢及其他杂物，以提供充分开放的毛细管系统，有利于水泥基渗透结晶型防水材料的渗透和结晶体的形成；若使用钢模板浇铸（或模板上过油漆）的混凝土表面太光滑，除进行以上常规清理外，还可采用凿击、喷砂、钢丝刷刷洗、高压水冲等方法进行处理。

对所有要涂刷水泥基渗透结晶型防水材料的混凝土，须仔细检查是否有结构上的缺陷，如裂缝、蜂窝麻面状的劣质表面、坑洞、施工缝接口处的凹凸不平等，均应修凿、清理，用水泥基渗透结晶型防水材料进行堵缝、补强、找平处理，再进行大面积涂刷。

施工前必须用清水彻底湿润工作面，形成内部饱和，以利于水泥基渗透结晶型防水材料借助水分向混凝土结构内部渗透。但要注意湿润的表面不能有多余的浮水，如施工过程中发现局部基面还是过于干燥，必须重新湿润。

（二）刮涂施工法

刮涂施工法是指采用抹灰的方法将拌好的水泥基渗透结晶型防水材料浆料批刮在需要做防水涂层的基面上的一种施工工法。

1. 刮涂施工法的灰浆调配

调配好灰浆是保证防水施工质量的关键。用清洁水拌料，拌料时可采用铲刀或抹灰铁板反复搅拌，灰浆应拌和均匀，不可有干的结块或粉球，拌好的浆料要求在 30min 内用完。一般一次拌料不能超过 5kg，宜使用多少拌多少，以免来不

及用完造成浪费。已经发硬的灰浆不能再用。严格掌握好水灰比，一般要求用3～4 份料加入 1 份水搅拌至黏糊状（可根据工程和温差情况作适当调整）。拌料时应注意搅拌均匀，浆料中不能有没拌开的干料球。

2. 对基面的处理要求

新的结构在养护期结束后马上就可以进行防水施工，老的结构在做防水施工前要把原有的防水涂层清除掉，不能有浮灰、油污，凹凸、破损不平的要进行找平及修补。干的基面要先喷水湿润，然后再上浆料进行刮涂，有渗水的点和缝，则应先把渗水的部位封堵好。

3. 施工时的注意事项

水泥基渗透结晶型防水涂料的施工，应按照点、缝、面的步骤来进行，也就是先把渗漏的点、缝处理好，再进行大面积的涂布施工。

施工时，把按要求调配好的浆料用抹灰铁板或塑料刮板均匀涂布在需要防水的基面上。迎水面防水施工时，因无法预知可能存在的渗水部位，可略增用量，尽可能提高防水涂层的抗渗能力，注意蜂窝状基面的处理。背水面施工时，哪怕微小的渗漏都容易发觉，在防水施工前可先进行堵漏处理。

施工要求：一般来说可一次涂布完成。

要注意涂布基面的清洁和湿润处理（充分湿润，但不要有明水）。涂布后的防水涂层必须在初凝前用喷细雾的方式保养，或在防水涂层施工时，边刮涂边采用毛刷沾水，在涂层表面来回拉刷，这样既能对涂层起到养护作用，又能使涂层的分布更均匀、更密实，还能促使涂层能及时表干。在防水涂层初凝未干时，边涂布边保养，这一点非常关键。暴晒在阳光下的涂层可持续 1～2d 用清水喷洒养护。

（三）刷涂施工法

（1）刷涂法的灰浆调配：参阅刮涂施工法，但一般要求用2～3 份料加入 1 份水搅拌至稠糊状。拌好的浆料必须能涂刷出一定的厚度。

（2）对基面的处理要求、施工时的注意事项，参阅刮涂施工法。

（3）施工要求：两次或两次以上涂布完成。

施工时，必须注意涂布基面的清洁，但无须做太多的湿润处理，暴晒在阳光下的涂层可持续 1～2d 用清水进行湿润养护。

（四）干撒施工法

在混凝土浇筑并振捣密实碾压平整后（混凝土未完全凝结前）进行施工。按规定用量均匀地撒在混凝土表面，及时压实抹光。终凝后检查是否有不良施工处并及时修补；若处在暴晒下，应洒水保养 1～2d。（根据工程情况做具体施工方案。）注意喷洒均匀，不可偷工减料。

六、特殊部位的处理和施工的其他注意事项

1. 特殊部位的处理

特殊部位的防水施工，例如龟裂严重或受到频繁振动，以及渗水严重的结构，在防水施工时，可以在防水涂层中铺设钢纤维网片，以增加结构基面表层的拉应力，提高防水涂层的抗裂作用。施工时，先均匀地、薄薄地在基面刷上一层水泥基渗透结晶型防水材料浆料，然后边铺钢纤维网片边刮第二遍浆料，以遮盖住网片为宜，一般用料约在每平方米 2.5kg 左右。

蜂窝麻面、渗漏孔洞和裂缝等情况按堵漏工程要求施工，有特殊要求的表层，如地铁站台、水库、隧道等渗水裂缝，也可以加入钢丝网片，增强堵漏的效果。渗水压高的裂缝可插管分流减压，然后引流点再注浆堵漏。

2. 施工的其他注意事项

（1）施工必须在混凝土结构或牢固的水泥砂浆基面上进行，不要直接用于粉灰层表面。

（2）先处理渗漏点、缝、面，再进行大面积防水施工。

（3）卫浴施工对管道接缝处须进行特别处理，可沿管壁与基面交接处，凿 10mm 深的 V 形槽进行封堵后，再做基面防水涂层。

（4）要确保涂层厚度与施工推荐用量。

（5）避免直接与皮肤接触，若需用手掺拌干粉或湿料时需戴胶皮手套。万一溅入眼睛，必须第一时间用清水冲洗，并及时到医院诊治。

（6）不宜在结冰或上霜的表面施工，也不要在连续 48h 内、环境温度低于 4℃时使用。

（7）不宜在暴雨天施工，新施工的表面固化前不要被雨淋。

（8）如在水泥基渗透结晶型防水材料防水涂层上做装饰性涂饰，对于灰泥性材料要在初凝后（24～48h 内）进行；对于油漆、涂料、环氧树脂等其他聚酯性涂料，则要在养护 2～3 周后才能进行。部分厂家的产品，会建议使用者在使用前先用 3%～5% 的盐酸溶液清洗工作面，再用水冲净，晾干后进行涂饰。

3. 养护

养护十分重要，当水泥基渗透结晶型防水材料涂层固化到不会被喷洒水损害时养护就可以开始了，必须精心养护 1～2d，每天喷洒水 3～5 次，或用潮湿透气的粗麻布、草席覆盖 3d。

施工后 48h 内，应避免雨淋、霜冻、日光暴晒或 4℃ 以下的长期低温；在空气流通不良或不具备通风条件的情况下（如封闭的矿井或隧道），可采用风扇或鼓风机械协助通风。

一般而言，对盛放高热量或腐蚀性液体的设施，则要求在养护 2～3 周后再

投入使用。盛放其他液体的设施，也应在防水涂层养护期过后，再放置 10～12d 后使用为宜。

七、施工质量检查验收

为了充分发挥水泥基渗透结晶型防水材料的防水作用，按国家标准对防水涂料主要有四个方面的要求：一是要有可操作时间，操作时间越短的涂料，将不利于大面积防水涂料施工；对于生产厂家将水泥基渗透结晶型防水材料配成速凝型材料，应根据施工要求有所选择；二是要有一定的黏结强度，特别是在潮湿基面（即基面饱和但无渗漏水）上有一定的黏结强度，确保结构基面防水涂层良好的防水性能；三是防水涂料必须具有一定的厚度，才能保证防水功能（厚度并不等于用料量，各生产厂家每平方米的用料量有所不同，产品的相对密度也不一样）；四是涂层应具有一定的抗渗性；水泥基渗透结晶型防水材料防水涂料主要是针对涂层试件做检测，也是为了保证涂层的抗渗性能。

具体可从以下几方面着手进行施工质量的检查验收工作。

（1）混合配料时的料水比及涂层施工操作应符合各生产厂家的规定要求和设计要求。

（2）防水涂层厚薄均匀，不允许有漏涂和露底，凡不符合要求的应重新修整。

（3）防水涂层在施工养护期间不得有砸坏、磕碰等现象，如有需要进行修补。

（4）参照地下工程防水等级标准进行质量验收。

（5）防水涂料的涂层厚度必须符合设计要求。

（6）完善备案资料，检查出厂合格证、质量检验报告、计量措施和现场抽样试验报告。

（7）检查防水涂层的基层情况，防水涂层应与基层黏结牢固，基面应平整、洁净，不得有空鼓、松动、脱皮现象。

（8）按规定做好验收、签证的工作。

八、水泥基渗透结晶型防水剂常见的几种防止渗水的做法

1. 外墙渗水

用 1∶3 水泥砂浆粉刷，在水泥砂浆中掺入水泥用量的 5％～10％ 的水泥基渗透结晶型防水剂，然后再进行刷涂料或贴面砖等外装饰，这样可以彻底解决和防止外墙渗水。

2. 内墙渗水

卫生间墙面用 1∶3 水泥砂浆粉刷，在水泥砂浆中掺入水泥用量 10％ 的水泥

基渗透结晶型防水剂，然后再贴瓷砖，这样可以彻底解决墙面渗水。

3. 屋面渗水

在现浇板上做 1∶2.5 水泥砂浆找平层。在水泥砂浆中掺入水泥用量的 10% 的水泥基渗透结晶型防水剂，这样可以防止现浇斜屋面渗水。

4. 地坪渗水

在现浇板上做 1∶2.5 水泥砂浆或细石混凝土找平层，在水泥砂浆或细石混凝土中掺入水泥用量的 10% 的水泥基渗透结晶型防水剂，这样可以彻底解决地坪渗水。

5. 水池渗水

在水池内壁用 1∶2.5 水泥砂浆粉刷，在水泥砂浆中掺入水泥用量 10% 的水泥基渗透结晶型防水剂，这样可以彻底解决水池的渗水。

6. 地下室及人防工程渗水

在迎水面或背水面的混凝土墙板上用 1∶2.5 水泥砂浆粉刷，在水泥砂浆中掺入水泥用量 10% 的水泥基渗透结晶型防水剂，这样可以防止地下室及人防工程渗水。

以上施工的详细操作方法，请按各生产厂家的施工规范执行。

7. 施工说明

水泥砂浆防水层或混凝土所用材料，应符合下列规定。

(1) 防水混凝土配合比按设计标号要求 进行试配。

(2) 采用的水泥应为标号不低于 32.5 号的普通硅酸盐水泥、膨胀水泥或矿渣硅酸盐水泥，严禁采用过期或受潮结块的水泥。砂、石参照普通混凝土的规定。

(3) 先把防水剂按水泥重量的规定比例与水混合均匀再掺入水泥和砂石中，机械搅拌 2min。

(4) 水泥基渗透结晶型防水剂掺量一般为水泥用量的 3%～10%。

(5) 防水混凝土浇筑后要振捣密实，不得漏振、欠振或过振。

(6) 采用水泥基渗透结晶型防水剂后，可不必再采用其他外加剂。

(7) 砂宜采用中砂，砂的空隙率≤35%，砂含泥量＜2%。

(8) 当水泥混凝土进入终凝后（约浇筑 10h 左右即应开始浇水养护），养护期与普通混凝土相同。

(9) 水应采用不含有害物质及有机物质的洁净水。

第六章　水泥基渗透结晶型防水材料的研究和施工实例

　　本章收录的部分水泥基渗透结晶型防水材料资料，有助于读者了解该产品的研发以及使用，为保持这些资料的原貌，文中的数据一般不作修改。如需采用本章资料，则应按照新版标准和规范作相应的复核。

第一节　水泥基渗透结晶型防水材料的研究

一、水泥基渗透结晶型防水涂料的应用探讨❶

　　水泥基渗透结晶型防水涂料（以下简称 CCCW 涂料），是以硅酸盐水泥或普通硅酸盐水泥、石英砂等为基料，掺入活性化学物质制成的一种新型防水材料。CCCW 涂料为粉状，经与水拌和调配成可涂刷或喷涂于混凝土表面的浆料。它与水作用后，材料中含有的活性化学物质（包含有加快结晶形成的催化剂和减小表面张力、增加渗透能力的表面活性剂）通过载体向混凝土内部渗透，并在混凝土中形成不溶于水的结晶体，填塞混凝土中的毛细孔道及宏观微裂缝，从而使混凝土致密、防水。

　　CCCW 涂料 20 世纪 80 年代开始进入我国，尽管对它的某些作用机理、渗透深度、可修复裂缝的宽度等方面还存在不同的看法，但因其独特的优点及价格的逐步下降，已被广泛应用于工业与民用建筑的地下结构、地铁、桥梁路面、饮用水厂、污水处理厂、电站、水利工程（包括三峡工程）等方面，并取得了较显著的经济效益及社会效益。

（一）应用中的常见问题

　　在地下结构应用该材料时，为了赶工期，常常在混凝土刚拆模时就涂刷，并

---

❶　本文作者陈江涛,宗慧杰,深圳市前海股份有限公司；王莹,深圳市建筑科学研究院。

且，涂刷完马上回填土方。然而，涂刷该材料时基层混凝土的龄期对抗渗效果有影响吗？何时回填才合适？此外，在不同抗渗等级的地下混凝土结构中应用该涂料的效果如何？该材料效果用在迎水面好还是背水面好？在腐蚀性的环境中，该材料效果如何，它能抵抗哪些腐蚀？它的使用限制是什么？"预铺法"（又称"干撒法"，是将 CCCW 涂料粉末直接撒覆于混凝土浇筑前的基面，以期混凝土固化后提高抗渗性能的一种施工方法）的效果理想吗？这些都是实践中经常遇到的实际问题。为此，我们通过试验与工程实践对这些问题进行分析探讨。

（二）试验分析

采用某进口品牌的 CCCW 涂料，按 GB 18445—2012《水泥基渗透结晶型防水材料》与 GB/T 50082—2009《普通混凝土长期性能和耐久性能试验方法标准》进行试验。

1. 不同龄期混凝土涂刷及涂刷后养护龄期对抗渗性能的影响试验

空白试件组，在混凝土成型并养护一定龄期后直接装模进行抗渗试验；涂刷 CCCW 涂料试件组，在不同龄期空白试件进行。抗渗压力结果比较见表 6-1。

表 6-1　不同龄期混凝土涂刷 CCCW 涂料及涂刷后养护龄期对抗渗性能的影响

实验级别	空白试件		涂刷试件				
	养护龄期/d	一次抗渗压力/MPa	涂刷时混凝土龄期/d	养护龄期/d	一次抗渗压力/MPa	养护龄期/d	二次抗渗压力/MPa
1	28	0.3	1	28	1.0	56	1.0
2	28	0.3	7	28	1.0	56	1.0
3	28	0.3	14	28	1.1	56	1.4
4	28	0.3	21	28	1.1	56	1.3
5	21	0.3	14	21	0.9	49	1.3
6	14	0.3	12	14	1.1	42	1.1
7	10	0.3	9	10	0.9	38	0.8

由表 6-1 中数据可以看出，试件的一次抗渗性能与涂刷时混凝土的龄期、涂刷后的养护龄期的相关性并不明显；但随着涂刷时混凝土龄期的增长，试件二次抗渗性能有了较显著的提高趋势。同样的，试件涂刷后的养护龄期越长，试件二次抗渗压力越大。

由于二次抗渗压力反映了 CCCW 涂料的自愈能力，这对混凝土的抗渗性能和耐久性很有帮助。所以，在地下结构混凝土刚拆模时就涂刷该材料或涂刷完就马上回填土方是不妥当的，这将降低混凝土的长期抗渗性能和耐久性的充分发挥。宜等基层混凝土龄期 14d 后涂刷 CCCW 涂料，涂刷完后再按工艺要求养护 14d 后再回填土方，这样有利于充分发挥该材料的自愈性能。

2. 不同抗渗等级混凝土涂刷 CCCW 涂料的抗渗性能试验

未涂刷 CCCW 涂料的空白混凝土试件，标准养护 28d 后进行抗渗试验直至渗水，测试其抗渗压力；另一组则经标准养护1d，在试件迎水面涂刷CCCW涂料3遍，养护28d后进行抗渗试验，测试其抗渗压力。不同抗渗等级混凝土的测试结果及抗渗压力对比见表6-2。

表6-2　不同抗渗等级的混凝土涂刷CCCW涂料的抗渗性能试验

实验级别	基准试件抗渗等级（设计值）	空白试件		涂刷试件			抗渗压力增幅/%
		养护龄期/d	抗渗压力/MPa	涂刷时龄期/d	养护龄期/d	抗渗压力/MPa	
1	S4	28	0.3	1	28	1.0	233
2	S6	28	0.7	1	28	1.3	86
3	S8	28	0.8	1	28	1.3	63
4	S9	28	0.98	1	28	1.4	56
5	S11	28	1.1	1	28	1.8	64
6	S12	28	1.2	1	28	1.6	33

由表6-2试验结果可以看出，涂刷CCCW涂料后，各试件的抗渗能力提高幅度与原空白试件抗渗等级有关。显然，原抗渗等级越低的混凝土，抗渗能力提高的幅度就越大。编号1的试件抗渗压力增幅高达233%，而编号6的试件抗渗压力增幅仅为33%。

试验结果说明，在基层混凝土抗渗等级较低时使用CCCW涂料的效果更好。工程实际应用中，若基层混凝土的抗渗等级较高，如达到S11、S12或以上，则要慎重考虑应用该材料的成本与抗渗能力的提高相比是否经济。

3. CCCW涂料的抗腐蚀性能

试验将CCCW涂料直接做成试件并与普通水泥砂浆试件一同放入不同的试验溶液中浸泡90d，取出后发现CCCW涂料试件表面出现了一些结晶体，而普通水泥砂浆试件的体积略有缩小。力学性能测试结果见表6-3。

表6-3　CCCW涂料与普通水泥砂浆抗腐蚀性能对比试验

实验级别	浸泡介质	龄期/d	CCCW涂料		普通水泥砂浆	
			抗折强度变化率/%	抗压强度变化率/%	抗折强度变化率/%	抗压强度变化率/%
1	无处理	90	0	0	—	—
2	$MgSO_4$ 溶液[①]	90	−0.3	2.9	−1.6	−16.1
3	$MgCl_2$ 溶液[②]	90	7.8	−9.1	−1.1	−11.68
4	5%HCl溶液	90	5.9	−34.5	−37.0	−44.2

① $MgSO_4$ 溶液含 Mg^{2+}：0.7g/L，SO_4^{2-}：2.8g/L。

② $MgCl_2$ 溶液含 Mg^{2+}：12.7g/L，Cl^-：37.2g/L。

试验结果表明，普通水泥砂浆试件在含有 Cl^- 及 SO_4^{2-} 的溶液中浸泡后，抗折强度下降，特别是在同时含有 H^+ 的溶液中，下降幅度更高达37%，而CCCW涂料试件在 Cl^- 及 H^+ 溶液中浸泡后，抗折强度反而增加，在 SO_4^{2-} 溶液中浸泡后，抗折强度几乎不变，而抗压强度还稍有增强。2 组试件 Cl^-、H^+ 及 Mg^{2+} 溶液中浸泡后抗压强度都有所下降，但 CCCW 涂料试件的下降幅度要低于普通水泥砂浆试件。

由上面对比可见，在抗酸、Cl^- 及 SO_4^{2-} 腐蚀方面，CCCW 涂料效果明显，能在抗海水及生活污水腐蚀方面发挥较好作用，海水的主要腐蚀成分为 Cl^- 及 SO_4^{2-}，Cl^- 含量高达 19g/kg，占海水总盐量的 58%，SO_4^{2-} 为 2.5g/kg。因此在易受海水腐蚀的临海地下建筑中应用该涂料，将会对地下钢筋混凝土结构起到保护作用。

此外，随着城市中高层建筑物越来越多，地下室的建造也越来越广泛，而敷设在回填土上的污水管道极易因回填土不均匀沉降而破损；同时日益狭小的场地又使污水管道离地下室外墙的距离在不断缩小。因此，腐蚀性的生活污水对地下结构的侵蚀风险也越来越大。生活污水中主要的腐蚀性物质为来自人类排泄物的硫酸盐及氯化物，且含有碳水化合物、蛋白质与尿素及脂肪。此时使用 CCCW 涂料对保护地下室外墙就很有帮助。

4. 选择内防水或外防水的探讨

CCCW 涂料既可用作内防水，也可用作外防水，而有些材料商宣传，用作内防水可以大大降低地下结构施工的工期、造价和风险，并且在背水面施工方便，应用也比较多，往往导致 CCCW 涂料应用中优先或只考虑内防水的误解。

因为大部分地下工程的钢筋混凝土破坏均始于外表层混凝土，如地下水、硫酸盐、氯离子及冻融破坏等都是自表面侵入混凝土内部而造成损害，假如表面存在裂缝，外界的物理、化学因素就会更容易作用于混凝土，所以，我们认为外表层混凝土的质量显得特别重要。在迎水面应用 CCCW 涂料后，会在混凝土外表面形成一道致密的、抗腐蚀和耐高水压的屏障，有效改善外表层混凝土的抗渗性和耐久性，保护混凝土结构免遭侵蚀破坏。所以，只要具备条件的，都应在迎水面施工。

在工程实践中，迎水面应用 CCCW 涂料都比较成功，有多个地下室防水工程全部用 CCCW 涂料，底板采用内防水做法，外墙采用外防水做法，外墙内侧根部自底板面向上涂刷高度为 1m，自竣工以来经多个冬夏考验，证明效果良好，完全满足设计要求。

5. 适用场合的探讨

除修补工程外，由于该涂料的特点决定其非常适合用于覆土的地下建筑及长期蓄水或被水浸泡、与水接触的混凝土建筑防水。在这些环境中基层混凝土变形比较小，并且一般为防水混凝土，根据 GB 50108—2008《地下工程防水技术规范》的要求，裂缝宽度不得大于 0.2mm；由于该涂料具有一定的微裂缝修补功能（0.2mm 及以下宽的裂缝可以修复），以及与混凝土结合为一体形成一面不透水的屏障，抗老化、抗腐蚀，对防水混凝土结构长期的抗渗性能和耐久性很有帮助。

但 CCCW 涂料的延伸性和适应基层变形的能力较差，因此，在荷载、温度及湿度经常变化而引起基层混凝土变形较大的场合，并不适合该材料的应用。如用于屋面防水，它只能作为Ⅰ、Ⅱ级屋面多道防水中的一道刚性防水，而此时若单独采用该材料则难以发挥它的优势，显得很不经济。并且 CCCW 涂料在低温条件下施工限制大，5℃以下不能施工，所以在北方地区寒冷的天气下不能采用。

6. 预铺施工的实际作用探讨

在 CCCW 涂料的工程实践中，有承包商采用"预铺法"施工，即将 CCCW 涂料粉末直接撒覆于混凝土浇筑前的垫层基面，以期混凝土固化后提高抗渗性能。我们为此做了多次试验，在混凝土抗渗试件（高 150mm）底部先成型 50mm 高基准混凝土（抗渗压力 0.3～0.4MPa）作为垫层，标准养护 7d 后，在其上表面铺洒 CCCW 涂料干粉，用量为 1kg/m²，再浇筑混凝土至抗渗试件高度。但是，每次试验都出现了两部分混凝土脱落分离的现象。因此，我们认为实际情况下垫层与底板混凝土难以结合为紧密的整体，此时铺洒的 CCCW 涂料粉末将主要向较疏松、抗渗能力低的垫层渗透结晶，而向新浇混凝土（一般抗渗等级远高于垫层）渗透的却很有限。所以，该施工方法对混凝土固化后提高抗渗性能的实际作用并不理想。

（三）结语

随着 CCCW 涂料研究的不断深入和工程应用经验的不断积累，我们对它的认识将更加科学和深刻，就可以根据工程的客观条件，扬长避短，合理取舍，消除"万能化"与盲目性，在应用中充分发挥它的优势，取得良好的工程效果和经济效益。

二、渗透结晶型防水材料的研究[1]

渗透结晶型防水材料是在催化反应思想的基础上发展的一类防水材料。它克服了传统刚性防水材料的缺点，可通过具有催化作用的物质促使混凝土中未水化的水泥在混凝土或砂浆的内部孔隙中反应形成晶体，堵塞封闭毛细孔通道，提高混凝土的抗渗能力。而且该物质可随水在缝隙中迁移，当混凝土中产生新的细微缝隙时，一旦有水渗入，又可促使未水化水泥产生新的晶体把缝隙堵住。该材料赋予混凝土自修复能力和可靠的永久性防水抗渗作用，并可提高混凝土或砂浆的机械强度，减少吸湿作用、毛细作用、化学侵蚀作用、渗透作用和冻融作用对建

---

❶ 本文作者：余剑英，王桂明，武汉理工大学材料学院。

筑物的侵害，显著增加混凝土的耐久性。因此，自 20 世纪 60 年代以来，渗透结晶型防水型材料在发达国家的建筑防水施工中得到了广泛的应用。

本文介绍了自行研制的 Y 渗透结晶型防水材料的主要性能。并与著名品牌 X 渗透结晶型防水材料在抗渗性和自修复性方面进行了试验对比。

（一）实验部分

1. 实验原料

Y 渗透结晶型防水材料：粉状，自行研制；

X 渗透结晶型防水材料：加拿大 X 公司产品；

水泥：32.5 号普通硅酸盐水泥；

石子：粒径为 5～20mm 的连续级配碎石；

砂：中砂，含泥量小于 1%。

2. 试样制备

抗折、抗压和黏结强度试样的制备按 GB 18445—2012《水泥基渗透结晶型防水材料》规定进行。

混凝土抗渗试样的制备也按 GB 18445—2012 规定进行，其配合比如表 6-4 所示。

表 6-4　混凝土试件配合比　　　　　　　GB 18445—2012

原　材　料	配比（质量份）
水泥	1.00
石子	4.40
砂	3.32
水	0.75

注：水泥用量为 250kg/m³。

砂浆抗渗试样按水泥：水：砂＝1.0：0.7：3.0 的配合比混合，搅拌 5min 后，成型抗渗试件，置于振动台振动 15s，放入标准养护室中养护，1d 后脱模并进行涂层处理。

3. 涂层与养护

抗渗试样脱模后，用毛刷将其上、下表面去积水，使试样表面处于饱和面干状态。将 Y 涂料按 1：0.4 的质量比与水混合均匀，用刷子涂刷到试样的表面，分 2 次涂刷。涂完后送回标准养护室至规定的龄期。

4. 性能测试

所有性能测试均按 GB 18445—2012 标准规定进行。

（二）结果与讨论

1. Y 渗透结晶型防水材料的物理力学性能

Y 渗透结晶型防水材料的物理力学性能测试结果示于表 6-5。

表 6-5　Y 渗透结晶型防水材料的物理力学测试结果　　GB 18445—2012

测 试 项 目		标准规定值		测试结果
		Ⅰ	Ⅱ	
安定性		合格		合格
凝结时间	初凝/min ≥	20		105
	终凝/h ≤	24		4.5
抗折强度/MPa	7d ≥	2.8		4.2
	28d ≥	3.5		5.8
抗压强度/MPa	7d ≥	12.0		17.5
	28d ≥	18.0		25.2
湿基黏结强度/MPa	≥	1.0		2.0
抗渗压力(28d)/MPa	≥	0.8	1.2	1.6
第二次抗渗压力(56d)/MPa	≥	0.6	0.8	1.5
渗透压力比(28d)/%	≥	200	300	400

由表 6-5 可知，Y 防水材料的物理力学性能均达到和超过 GB 18445—2012
标准中Ⅱ型产品规定值，其中抗渗压力和二次抗渗压力远高出标准规定。这表明
Y 防水材料可显著提高混凝土的抗渗性，并可赋予混凝土优良的自修复能力。

2. 涂料用量和养护时间对抗渗性能和自修复性能的影响

为了解涂料用量和养护时间对抗渗性能和自修复性能的影响，分别按
1kg/m² 和 2kg/m² 的用量涂刷在砂浆试样的背水面，测试了不同养护时间的一次
和二次抗渗压力。为便于比较，同时采用 X 渗透结晶型防水材料进行了试验对
比。结果示于表 6-6。

表 6-6　涂料用量和养护时间对抗渗性能和自修复性能的影响　　GB 18445—2012

试 样	空白样		Y 涂料				X 涂料			
用量/(kg/m²)	—	—	1	2	2	2	1	1	2	2
养护时间/d	9	28	9	28	9	28	9	28	9	28
抗渗压力/MPa	0.1	0.4	0.4	1.5	0.8	>1.5	0.4	1.5	0.6	>1.5
第二次抗渗压力/MPa	0.1	0.4	0.6	1.4	0.9	>1.5	0.6	1.3	0.8	>1.5

由表 6-6 可见：①与空白样比较，Y 防水材料和 X 防水材料对砂浆的抗渗性
能均有显著提高。②涂料用量为 1kg/m² 与 2kg/m²，在养护 9d 时，两种用量对
砂浆抗渗性的提高有较大差异，2kg/m² 的用量在 9d 时就可使砂浆的抗渗性有显
著增加，但在养护时间达到 28d 时，两种用量对抗渗性的提高差异已较小。这表

明当养护时间达到 28d，1kg/m² 的涂料用量已可满足抗渗要求，而如果需要在短期内迅速提高混凝土或砂浆的抗渗性，则可加大单位面积涂料用量。③Y 防水材料与 X 防水材料在增强砂浆抗渗性和赋予其自修复能力方面无明显差异。

3. Y 防水材料迎水和背水时抗渗能力的比较

在实际使用时，涂料既可涂覆于迎水面，也可涂覆于背水面。为了解在这两种情况下，Y 防水材料对砂浆抗渗能力的提高程度，分别进行了试验。结果列于表 6-7。

表 6-7　Y 防水材料在迎水和背水时的抗渗能力　GB 18445—2012

使用部位	抗渗压力/MPa		第二次抗渗压力/MPa	
	14d	28d	14d	28d
迎水面	1.5	>1.5	1.3	>1.5
背水面	1.2	>1.5	1.2	>1.5

表 6-7 表明，Y 防水材料涂于迎水面或背水面均具有很好的抗渗性和对砂浆的自修复性。相比较而言，在 14d 时涂于迎水面的抗渗性高于背水面，但在 28d 时，已没有差异。

（三）结论

（1）Y 渗透结晶型防水材料可显著提高基体（混凝土或砂浆）的抗渗性，赋予基体优良的自修复能力。其各项性能指标符合 GB 18445—2012 标准中Ⅱ型产品的要求，与 X 渗透结晶型防水材料性能相当。

（2）Y 涂层用量为 1kg/m² 和 2kg/m² 在养护时间达到 28d 时，其对基体抗渗性的改善差异较小，但在养护时间较短时，2kg/m² 涂层用量对基体抗渗性的提高明显好于 1kg/m² 涂层用量。

（3）Y 防水材料涂于迎水面和背水面均可显著提高基体的抗渗性和赋予其自修能力，但在养护时间较短时，涂于迎水面比涂于背水面具有更好的抗渗性。

三、YJH 渗透结晶型防水材料耐化学侵蚀和抗冻融循环的研究❶

防水材料的主要作用是赋予构筑物防水抗渗的功能。由于防水材料在使用过程中不可避免地会接触各种酸、碱、盐等化学物质，受到这些化学物质的侵蚀，同时还会受到冷热冻融循环，如果防水材料不能抵抗化学物质的侵蚀和承受冷热冻融循环的作用而发生破坏，则其防水作用就会丧失，因此，作为一种优良的防水材料必须具有优良的耐化学侵蚀和抗冻融循环能力。

---

❶　本文作者：余剑英，王桂明，武汉理工大学材料学院。

YJH（下文略为 Y）防水材料是我们自行研制的一种渗透结晶型防水材料，它克服了传统刚性防水材料的缺点，可通过具有催化作用的物质促使未水化泥在混凝土或砂浆的内部孔隙中反应形成晶体，堵塞封闭毛细孔通道，提高混凝土的抗渗能力。而且该物质可随水在缝隙中渗透迁移，当混凝土中产生新的细微缝隙时，一旦有水渗入，又可促使未水化水泥产生新的晶体把缝隙堵住，所以可赋予混凝土自修复能力和可靠的永久性防水抗渗作用，并可提高混凝土或砂浆的机械强度，减少吸湿作用、毛细作用、化学侵蚀作用、渗透作用和冻融作用对建筑物的侵害，显著提高混凝土的耐久性。

本文研究了材料在耐酸、碱、盐化学侵蚀以及抗冻融循环方面的性能，并与著名品牌 XYPEX（下文略为 X）渗透结晶型防水材料和沥青材料进行了试验对比。

（一）实验部分

1. 实验原料

Y 渗透结晶型防水材料：粉状，自制；

X 渗透结晶型防水材料：加拿大 X 公司产品；

沥青：$10^{\#}$ 沥青；

水泥：32.5 号复合水泥；

砂：中砂，含泥量小于 1%；

稀盐酸溶液：用盐酸加蒸馏水稀释得到 pH＝3.0 的稀盐酸溶液；

氢氧化钠溶液：用氢氧化钠溶于蒸馏水得到 pH＝12.0 的氢氧化钠溶液；

硫酸铵溶液：用硫酸铵试剂与蒸馏水配制成 0.5mol/L 的溶液。

2. 试样制备

抗压强度试样的制备按 GB/T 17671—1999《水泥胶砂强度检验方法（ISO 法）》规定进行。

砂浆抗渗试样按水泥∶水∶砂＝1.0∶0.7∶3.0 的配比混合，搅拌 5min 后，成型抗渗试件，置于振动台振动 15s，放入标准养护室中养护，1d 后脱模进行涂层处理。

3. 涂层与养护

抗渗试样脱模后，用毛刷将其上、下表面的浮浆除去，然后清洗表面，除去表面积水，使试样表面处于饱和面干状态。对于 Y 和 X 防水材料，均按 10∶4 的质量比与水混合均匀，用刷子涂刷到试样的表面，按 $1kg/m^2$ 的用量分两次涂刷，试件做完涂层后送回标准养护室养护至规定的 28d 龄期；对于沥青涂层，在试件养护 28d 后取出，干燥 3d 后，将沥青加热后按 $1kg/m^2$ 的用量进行涂刷。

所有试件制备完成后分别进行抗化学侵蚀和抗冻融循环的试验。

① 抗化学侵蚀：将试件浸泡在配制好的酸、碱、盐溶液中 2 个月后取出进

行性能测试；

②抗冻融循环：冻融循环的温度设定为（−20±3）℃和（20±3）℃，试件在−20℃下放置4h后取出，再置于20℃下4h作为一个周期，共进行了150次冻融循环，然后观察试件外观并对试件进行抗压强度和抗渗性能测试。

4. 性能测试

涂层试件的抗压强度按GBJ 50081—2002《普通混凝土力学性能试验方法标准》进行；抗渗性能测试按GB 18445—2012《水泥基渗透结晶型防水材料》标准规定进行。每个样品采用6个试件，试验结果为6个试件的平均值。

（二）结果与讨论

1. Y渗透结晶型防水材料经稀盐酸侵蚀后的性能

Y和X渗透结晶型防水材料及10#沥青涂覆砂浆试件在盐酸溶液侵蚀前后的性能试验结果示于表6-8。

表6-8　三种防水涂层试件在稀盐酸侵蚀前后的性能试验结果

试件种类	外观变化	原始抗压强度/MPa	最终抗压强度/MPa	抗压强度变化率/%	原始抗渗压力/MPa	最终抗渗压力/MPa
空白样		21.4	22.7	6.1	0.4	0.2
Y	外观	23.5	28.0	19.1	1.4	>1.5
X	无变化	22.9	26.5	15.7	1.4	1.5
沥青		22.2	23.6	6.3	0.6	0.6

由表6-8可见，经稀盐酸溶液处理后，在抗压强度方面，涂覆Y和X防水材料的试件，抗压强度均有明显的增加，空白样和沥青涂覆样抗压强度也有增加，但增加幅度较小；在抗渗性能方面，沥青涂覆试件的抗渗压力没有变化，Y和X涂覆试件的原始抗渗压力就很大，经过处理都还有一定程度的增大，而空白试件的抗渗压力显著降低。这表明，Y和X防水材料不仅具有优良的耐酸性，而且在酸性条件下，仍可对试件起到提高强度和增加抗渗性的作用。

2. Y渗透结晶型防水材料经氢氧化钠溶液侵蚀后的性能

Y和X渗透结晶型防水材料及10#沥青涂覆砂浆试件在氢氧化钠溶液侵蚀前后的性能试验结果示于表6-9。

由表6-9可知，经氢氧化钠溶液处理后，涂覆Y和X防水材料的试件，抗压强度均有较大幅度的增加，沥青涂层试件的抗压强度也有较明显的提高，相比较而言，空白试件的抗压强度增幅最小；空白试件和沥青涂覆试件的抗渗压力没有变化，而表面涂覆Y和X防水材料的试件，抗渗压力均增大。这同时表明Y和X防水材料具有优良的耐碱性，而且在碱性条件下，对试件仍具有提高强度和增加抗渗性的作用。

表 6-9　三种防水涂层试件在氢氧化钠溶液侵蚀前后的性能试验结果

试件种类	外观变化	原始抗压强度/MPa	最终抗压强度/MPa	抗压强度变化率/%	原始抗渗压力/MPa	最终抗渗压力/MPa
空白样	外观无变化	21.4	23.4	9.3	0.4	0.4
Y		23.5	29.1	23.8	1.4	>1.5
X		22.9	26.5	15.7	1.4	>1.5
沥青		22.2	25.4	14.4	0.6	0.6

3. Y 渗透结晶型防水材料经硫酸铵溶液侵蚀后的性能

Y 和 X 渗透结晶型防水材料及 10# 沥青涂覆砂浆试件在硫酸铵溶液侵蚀前后的性能试验结果示于表 6-10。

表 6-10　三种防水涂层试件在硫酸铵溶液侵蚀前后的性能试验结果

试件种类	外观变化	原始抗压强度/MPa	最终抗压强度/MPa	抗压强度变化率/%	原始抗渗压力/MPa	最终抗渗压力/MPa
空白样	外观无变化	21.4	22.6	5.6	0.4	0.4
Y		23.5	26.0	10.6	1.4	>1.5
X		22.9	24.9	8.7	1.4	1.5
沥青		22.2	23.6	6.3	0.6	0.6

表 6-10 表明，经硫酸盐溶液处理后，所有试件的抗压强度均增加，但以 Y 涂覆试件的增加最多，其抗压强度比空白试件提高 10.6%；在抗渗性能方面，空白试件和沥青涂覆试件没有变化，而采用 Y 和 X 防水材料处理过的试件均增大。由此可见，Y 和 X 防水材料具有良好的耐硫酸盐性能和在盐溶液中仍具有提高强度和增加抗渗性的作用。

4. YJH 渗透结晶型防水材料抗冻融循环性能

Y 和 X 渗透结晶型防水材料和沥青涂覆砂浆试件 150 次冻融循环前后的性能试验结果示于表 6-11。

表 6-11　三种防水涂层试件在冻融循环前后的性能试验结果

试件种类	外观变化	原始抗压强度/MPa	最终抗压强度/MPa	抗压强度变化率/%	原始抗渗压力/MPa	最终抗渗压力/MPa
空白样	外观无变化	21.4	18.2	−15.0	0.4	0.3
Y		23.5	22.9	−2.5	1.4	>1.5
X		22.9	22.0	−3.9	1.4	1.5
沥青	涂层出现裂纹	22.2	19.3	−13.1	0.6	0.4

由表 6-11 可知，经 150 次冻融循环处理后，空白试件和沥青涂层试件的抗压强度均明显降低，而 Y 和 X 涂层试件的抗压强度降低很少；空白试件的抗渗压力由 0.4MPa 下降到 0.3MPa，表明在冻融过程产生了微裂纹，使试件抗渗能力降低，沥青涂层试件由于沥青涂层的破坏，沥青已失去了防水作用，导致抗渗

性能也明显降低,而采用 Y 和 X 防水材料处理过的试件,抗渗压力仍然表现为增加。Y 和 X 渗透结晶型防水材料表现出的优良的抗冻融性能可归因于渗透结晶作用修复和堵塞了试件中的孔隙,降低了孔隙水对试件产生的冻融破坏,从而提高了试件的抗冻融性能。

(三) 结论

(1) Y 渗透结晶型防水材料具有优良的耐化学侵蚀(酸、碱、盐)能力,在 pH 值为 3.0~12.0 的条件下可正常使用,并仍然具有提高基体(混凝土或砂浆)的强度和增加其抗渗能力的作用。

(2) Y 渗透结晶型防水材料的渗透结晶作用显著提高了基体(混凝土或砂浆)的抗冻融性能,经 Y 防水材料处理过的砂浆试件在 -20~20℃ 之间冻融循环 150 次,试件的抗压强度变化很小,抗渗性能仍可提高。

四、XYPEX 处理过的混凝土与未处理的混凝土的比较❶

(一) 强度

XYPEX 掺合剂加入到混凝土后,一般能将混凝土的设计强度提高 15% 以上。

(二) 可操作性

XYPEX 掺合剂与混凝土充分混合(至少要 10min)的条件下,为了保持混凝土正常的坍落度,有时可在工地添加适量超级增塑剂来解决。

(三) 混凝土凝固时间

当混凝土中含有其他物质,如减水剂或者可塑剂等,对 XYPEX 的加入是不会有什么影响的。由于加入 XYPEX 延长了凝固时间,可在实际操作当中适当延长混合时间以作为补偿。

(四) 温度升高与温度最大值的区别

在水合作用的潜伏期,晶核形成期间,会产生微量的热,钙离了开始聚集,氢氧根离子开始集结达到临界质量点。一旦发生形成晶核的情况,水合的产物就开始形成并增大。

在这个时候硅酸三钙的盐开始第二个反应。当这个反应发生时,可以观察到,经 XYPEX 掺合剂处理的混凝土的放热加快,温度比较早地达到最大值,而且最大值要低一些。

我们推论,XYPEX 影响了硅酸三钙反应速度导致降低了热量。

---

❶ 本文作者:澳大利亚 XYPEX 公司。本文选自《北京城荣防水材料有限公司专论集(一)》。

（五）收缩量

只要适当地加钢筋，正确地浇筑混凝土和充分养护，XYPEX 处理过的混凝土能减少收缩率，在一些例子中减少的程度甚至达到 50%。

（六）XYPEX 与火山灰材料对氢氧化钙的竞争

XYPEX 与氢氧化钙、无机盐、未水化的水泥反应，这些化学反应是在两个不同的层次上发生的。最初的反应是和可溶性盐的络合（氢氧化钙和无机盐）反应，而第二步比较长的反应过程是与未水化的或部分水化的水泥发生反应。

在氢氧化钙与 XYPEX 之间的反应产生不可溶的钙盐络合物。这个反应的目的是固化可溶性物质，使之不会由于可溶性物质渗出而增加混凝土的多孔性，同时也填塞毛细管，因而降低混凝土的渗透性。

火山灰类材料会与混凝土中的氢氧化钙发生反应，形成含钙的硅酸盐水合物，这是一种中间物。这个反应也能够凝固可溶性盐并且降低渗透性。但若在混凝土中加入 20% 的火山灰类材料时，它不会和混凝土中存在的所有的氢氧化钙反应。火山灰类材料的化学反应是常规反应，而 XYPEX 会和所有可得到的氢氧化钙反应。在 Kleinfelder 实验室进行的关于含有粉煤灰的混凝土的实验中，发现 XYPEX 掺合剂和粉煤灰的结合使用比只使用粉煤灰本身的抗压力强度高 12.2%。

（七）抗化学腐蚀能力——pH 范围与接触时间

使用 ASTM 267"对砂浆、水泥浆、整体表面材料以及聚合物混凝土抗化学能力的标准测试方法"对 XYPEX 进行化学腐蚀测试，对这次测试的审查表明所有样品都曾在不同标准的化学环境下放置 84d。在我们出版的文献中详述了 XYPEX 与化学物质在长期接触下可以维持 pH 值的范围为 3.0~11.0，间歇性接触时 pH 范围可达到 2.0~12.0，超出这个范围的化学物质应尽量避免接触。

日本原子能所曾使用 5% 的硫酸溶液对 XYPEX 进行抗化学腐蚀的实验，总接触时间为 100d。即使在 pH 值为 0.8~1.0 的溶液中，XYPEX 仍然降低了 40% 的腐蚀率。在 7% 的硫酸溶液中（Aviles 工程），XYPEX 使混凝土样品失效时间延长了 30%。

（八）有否破坏性膨胀作用

在 XYPEX 的 30 年历史当中，从未出现过经 XYPEX 处理过的混凝土在使用过程中因加入 XYPEX 而产生不利影响的先例。在混凝土中发生的化学反应是由 XYPEX 的潜在性质而致，产生的结晶体结构填充了混凝土中间的空隙而且没有引起破坏性膨胀作用。

在澳大利亚进行的用 CSR 预混合物所做的收缩率测试中，八个星期的测试，明确证明无膨胀效应。

（九）在极高温下使用 XYPEX

在高温下对 XYPEX 的研究大多数是在 30 年前产品发展时做的，目前已经无法给出准确的测试信息了。可以断言的是间歇性的温度可以高至 1530℃。这是根据"爆炸温度"测试而定的，这个测试很可能是起源于 ASTM E119"建筑物及建筑材料防火测试"的，这也就意味着 XYPEX 能短时暴露在热源（可能来自焊接用弧光）下，而此时混凝土已无法承受这样的高温了。

第二节　水泥基渗透结晶型防水材料的施工实例

一、地下侧墙防水工程的施工实例

【实例一】　杭州临江花园地下防水工程施工方案

水泥基渗透结晶型防水材料，适用性强、施工简单易懂，成本低廉，是实现防水工程低投入、高效益的优质防水材料。2001 年通过技术性能检测，各项指标都符合国家标准 GB 18445 的标准，特别是二次抗渗能力，国家标准为 $\geqslant$ 0.6MPa，而材料的检测结果是 $\geqslant$ 0.9MPa，这证明材料的防水性能，后期比前期的抗渗效果更好。

本材料不含有任何容易老化的有机化合物，其防水涂层与基面有很好的黏结力，与结构基面融为一体。所以，防水涂层的防水作用与结构的寿命同样长，并且渗透结晶物在多年以后还能被水激活，不断生长出新的渗透结晶物，来弥补由于其他原因而产生的结构不稳定开裂带来的渗漏，使之与混凝土结构同时存在，具有持久的防水和保护钢筋、增强混凝土结构强度的性能。

（一）项目概况与工程要求

浙江杭州临江花园项目，地下一层为停车场，是杭州市江边工程重点项目。

对工程的具体要求，就是在绝对保证质量前提下，大胆采用新型材料，充分体现杭州临江花园的高质量、高标准的特色。

经业主审核，防水工程选用"三爱司牌"水泥基渗透结晶型防水材料。材料技术性能按国家标准《水泥基渗透结晶型防水材料》（GB 18445—2001）执行，施工标准按《地下防水工程质量验收规范》（GB 50208—2002）执行。

（二）施工方法及要求

本材料的防水机理决定了本施工只能在混凝土结构的基面上进行，而不能用于粉刷层的表面，施工时按照点、缝、面的步骤来进行，也就是先把钢筋切割后的孔点、蜂窝状缝面进行堵漏处理，再进行大面积的防水施工。

（三）施工前的准备

做好施工前的准备是保障施工质量的前提，根据工程概况制订好详细的施工方案，备足施工所需的防水材料、人员、工具等。本材料在施工时所需的工具比较简单，一般施工用具如下：

铁锤、钢钎、油漆铲刀（配合拌料用）、抹灰铁板或刮板、3～4寸（1寸＝0.333m）油漆刷、手提喷雾器、水桶、拌料板或拌料桶。

（四）灰浆调配注意事项

调配好灰浆是保证防水施工质量的关键，本材料对灰浆的调配要求很严格。首先，要求在拌料时边拌边用，拌好的浆料要求20min内用完；一般一次性拌料不能超过5kg，以免来不及用完造成浪费。如果暂时用不完快要发硬时可加少许水搅拌后赶快用掉，已经发硬的灰浆不能再用。其次，要求严格掌握好水灰比，本材料一般用4份料加入1份水搅拌至黏糊状。拌料时应慢慢地加水，至料能拌开为止，拌好的灰浆刮在抹灰铁板上要粘在一起不掉下来，如果稀稀落落掉下来说明水加多了，拌料时应注意搅拌均匀，灰浆中不能有没拌开的干料球。

（五）施工前对基面的处理要求

本材料的防水施工，对基面的要求没有其他防水材料严格，杭州临江花园·六和苑是新建混凝土结构，随时可以进行防水施工。凹凸、破损不平的地方以及模板拉杆孔，先进行找平及修补，找平时不能用普通水泥砂浆替代，直接用本材料，避免普通水泥砂浆干涸后与防水涂层之间出现脱壳现象。保持施工基面的清洁和湿润。若烈日下进行外墙施工时，更需将基面湿透。施工基面在防水施工前用水湿润，才能够有效保证本材料的活性化学成分向混凝土内部的渗透，确保防水施工的质量。

（六）对渗漏点、缝、面的施工先行处理

1. 渗漏点和渗水孔洞的施工（若有此情况）

渗漏点是混凝土结构不密实造成的，根据渗漏点或孔洞的大小，用钢钎沿周围扩大点或孔洞范围2～3倍凿成深3～4cm的堵漏凹槽，把堵漏干粉填进去压实，以不漏水为止，然后用浆料抹平。

2. 渗水裂缝的施工（一般不会有此情况）

裂缝的堵漏可视情况用钢钎凿成3cm×3cm或4cm×5cm的堵漏槽，然后用速凝型材料压实。连续墙接缝以及施工缝因为缝中含有夹泥、结构组织疏松将来可能形成渗漏源，堵漏施工时要把夹泥部分挖去不少于15cm，把周围疏松组织凿除，然后清洗掉遗留的泥沙，用速凝型材料封堵，然后用水泥基渗透结晶型防水材料配制的浆料抹平。

3. 蜂窝麻面的堵漏施工（若有此情况）

混凝土结构蜂窝麻面渗漏水量虽小但渗水压很高，遗漏修补会造成隐患，施

工时应特别注意。一般处理方法是在麻面范围内将基面凿 0.5～1cm 深的堵漏凹坑，用速凝型材料干湿粉进行堵漏，同时可以起到结构补强的作用。再用本材料浆料把凿去的部位填补平。

（七）水泥基渗透结晶型防水材料每平方米的用量

本材料在做防水施工时，每平方米的用量确保在 1.5kg 以上，涂层厚度在 1.0mm 以上。具体施工示意图如下：

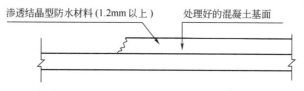

（八）基面防水施工

本材料可以用涂刷和涂刮两种方式进行施工。用涂刷的方式，起码要涂刷两遍，条件允许的话，最好刷三遍，涂层厚度在 1.0～1.5mm。用涂刮的方式施工，按要求的水灰比拌匀，均匀地涂布在防水基面上，一次涂布完成，涂刮厚度可自行控制。根据杭州临江花园·六和苑项目的防水要求，可以采用涂刮方式。

（九）防水涂层的养护

涂布后的防水涂层，必须在初凝前马上用油漆刷蘸水或喷细雾保养，要求边涂布边保养，这一点至关重要。用油漆刷在表面涂刷，既可把涂层涂布均匀，又可使涂层非常致密。20min 后防水涂层达到早强，无须特别养护。

（十）产品国家标准及检验结果

产品国家标准及检验结果见表 6-12。

表 6-12　产品国家标准及检验结果

检 验 项 目		性 能 指 标	检 验 结 果	单项判定
安定性		合格	合格	合格
凝结时间	初凝时间	≥20min	20	合格
	终凝时间	≤24h	0.8	
抗折强度/MPa	7d	≥2.80	3.52	合格
	28d	≥3.50	4.60	
抗压强度/MPa	7d	≥12.0	17.0	合格
	28d	≥18.0	22.4	
湿基面粘接强度/MPa		≥1.0	1.6	合格
抗渗压力(28d)/MPa		≥0.8	1.2	合格

续表

检验项目	性能指标	检验结果	单项判定
第二次抗渗压力(56d)/MPa	≥0.6	2.1	合格
渗透压力比(28d)/%	≥200	400	合格
检验结论	合格品		

（十一）关于施工验收标准及验收方法

由于使用的是新型水泥基渗透结晶型防水材料，验收标准主要可参照国家标准《地下防水工程质量验收规范》（GB 50208—2011）。根据材料的涂层强度，涂刷厚度，涂层在规定时间内吸水表干的状态，涂层抗水扩散能力等方面进行验收。

（十二）施工安全事项

（1）施工现场做到安全工作有专人负责。

（2）每个施工人员进入工地必须戴安全帽，穿工作服。

（3）由施工总承包单位专业工人配合做好搭脚手架等工作。

（4）登高作业时，脚手架下必须有专人负责安全护卫。

（5）遇有妨碍施工的障碍物时，需由施工总承包单位专业人员拆除。

（6）坚持每天做好施工现场、施工工具、宿舍和个人的消毒卫生工作。

【实例二】　中国银行总行大厦防水施工技术❶

中国银行总行大厦位于北京西单路口西北角，建筑面积17.2万平方米，是长安街上又一标志性建筑。建筑总高度55m，地上16层，地下4层，1996年10月开工，总工期36个月。

（一）防水设计

（1）地下室底板为钢筋混凝土结构，面积1.5万平方米。底板采用1.5mm厚"必坚定"柔性卷材防水，板面采用"赛柏斯"刚性防水涂料，地面做法与房间地面相同。

（2）地下室外墙系地下连续墙结构，建筑面积9000m²，竖向施工缝内填充"赛柏斯"防水堵漏剂，内喷"赛柏斯"防水涂料，240mm厚砖墙内衬外抹水泥砂浆。

（3）屋面系钢筋混凝土结构，建筑面积8500m²，采用"赛柏斯"刚性防水涂料，表面粘贴"必坚定"柔性卷材。

---

❶　本文作者焦德贵，刘方泉．文章选自《北京城荣防水材料有限公司专论集(二)》。

（二）材料特点

1. "赛柏斯"防水材料

"赛柏斯"主要产品有浓缩剂、堵漏剂、掺合剂等，主要成分为普通硅酸盐水泥，经磨细处理加入多种活性物质。其防水原理是"赛柏斯"与一定的水混合，以灰浆的形式涂刷或喷涂到混凝土表面后，能与混凝土结合并发生反应，产生不溶性纤维状晶体，充塞混凝土的微孔和毛细管道中。由于其与水有良好的亲和性，可以在施工后很长一段时间内，沿混凝土基层的微细缝隙和毛细管道与渗透水反应，并向内层发展，生成枝蔓状晶体填塞细小的渗漏水通道，从而取得提高混凝土强度和堵漏防水的效果。

2. "赛柏斯"浓缩剂

本浓缩剂以不同的配合比作为堵塞混凝土基层开裂、接缝等材料，用喷、刷、涂的操作方法，将浓缩剂覆盖在混凝土表面。13h后喷雾状水养护3d。

3. "赛柏斯"堵漏剂

用于带水修补渗漏缝隙、孔洞，也可用于一般混凝土表面外观修补。

4. "赛柏斯"掺合剂

掺加在混凝土中，可提高混凝土强度和结构的黏结性能。

（三）施工准备

1. 主要机具

主要有空压机、喷枪、滚筒刷、刮板、錾子、钢丝刷、高压水枪、铁抹子、灰桶、电动搅拌器等。

2. 基层处理

（1）基层应坚实平整，不得有松动、起砂、起皮、分层的现象，不得有大于ϕ5mm以上孔洞，对于露筋、孔洞可采用同强度等级的水泥砂浆修补抹平。

（2）基层不得有渗漏与积水，应事先将渗漏堵塞，积水清除，但对基层无干燥程度要求。

（3）作业面不得有其他工种交叉施工，更不允许在操作面上设置施工通道。

（4）混凝土面层上的疙瘩、起皮、分层等应铲除干净，并用清水冲洗。

（5）墙体接缝应将泥浆及松散部位剔凿干净，并用高压水枪冲刷缝隙中的泥浆、浮土，支模浇筑混凝土。

（6）地下连续墙锚杆头割除后拆除锚具，用细石混凝土填实锚杆孔洞。

3. 劳动力组织

以操作小组为单位，每组4人或5人，操作技术由责任工程师专人指导，质量与安全由专职员监督。统一管理，合理安排，流水作业。劳动工序、工程量及工期见表6-13。

表 6-13 工程量及工期安排

工 序	工程量/m²	工期/d
地下连续墙剔凿	9000	90
墙面竖缝处理	1260	45
墙面防水	10000	110
墙面养护	10000	120
地面基层处理	24000	180
地面防水	25000	190
地面养护	25000	200

（四）主要施工方法

1. 施工工序

（1）立面 冲洗面层→剔凿凸出物并剔除松散面层→冲洗湿润墙面→喷涂"赛柏斯"涂料两遍→养护、检查→交验。

（2）接缝 剔除缝隙周围松散混凝土→冲洗缝中杂物→填充"赛柏斯"堵漏剂→浇筑混凝土→涂刷"赛柏斯"防水涂料→养护、检查。

（3）锚杆孔洞 拆除锚具→填充细石混凝土→焊接节点钢板→涂刷"赛柏斯"防水涂料→养护、检查。

2. 施工方法

（1）搭设双排钢管脚手架，满铺脚手板。

（2）采用高压清水冲刷墙面，并用钢丝刷清除附着物。

（3）采用錾子剔凿表面酥松混凝土及浮浆，再用钢丝刷刷洗。

（4）地下连接墙的锚杆锚头拆除应随地下结构施工进度逐步上升而逐层处理，并服从项目总包的总体安排，不得随意拆除。

（5）施工缝和孔洞以及缝宽大于 0.4mm 结构裂缝等均应凿成 U 形或矩形槽，槽宽 20mm、深 25mm。用水冲刷并除去表面积水，涂刷"赛柏斯"浓缩剂与砂浆拌合物，然后再喷洒半干燥状的"赛柏斯"浓缩剂，并用橡皮锤捣实。渗漏水缝隙可采用"赛柏斯"堵漏剂填充带水堵漏。

（6）混凝土表面"赛柏斯"防水层采用喷涂方法，喷枪距离混凝土面 0.5～0.8m，每层用量 0.6kg/m²，每次应在 20～30min 内将拌合料喷完，两层间隔时间应控制在 2～3h，以保持作业层表面湿润。

（7）配合比。"赛柏斯"涂刷料配合比（质量比）为"赛柏斯"浓缩剂粉料：水＝1：0.4。喷涂料配合比为 1：0.6。应严格按计量要求将"赛柏斯"浓缩剂粉料倒入容器中，以 250r/min 低速与水搅拌均匀。禁止在使用过程中加水稀释。

（8）养护。"赛柏斯"防水层养护非常重要，应在施工 12h 后精心养护 3d，每天喷洒雾状水 5 次，天气炎热时应增加喷洒次数，也可覆盖吸水性强的潮湿麻布片，但勿用不透气的塑料薄膜。

（五）质量要求

（1）"赛柏斯"防水材料应送北京市建筑材料质量监督检查站检查合格，并报北京市城乡建设委员会审查批准。

（2）所有进场材料必须有出厂合格及材质证明，并抽检复验。材料原包装不得有破损，并符合供货商提供的样品。堆放指定地点，标识存用。

（3）使用过程中如发现有结团、硬块或受潮，均不得再使用。

（4）混凝土表面如太光滑，应磨砂搓毛，促进表面毛细管充分渗透"赛柏斯"防水涂料，产生硬化涂膜。

（5）防水层表面涂膜既不能漏喷，也不得堆积，厚薄应均匀，黏结牢固，封闭严密。

（6）施工时如阳光照射强烈，应采取防护措施，防止混凝土基层失水过快。

"赛柏斯"防水工艺简单，操作方便，对混凝土基层湿度要求不高，可带水作业，缩短工期。"赛柏斯"防水材料为无毒物，耐久性好，与混凝土及砖石材料黏结力强，具有较好的抗渗、防漏效果。采用上述工艺，地下室结构经历冬、雨季考验，室内无渗漏潮湿现象。

二、地下底板、顶板防水工程的施工实例

【实例】 福州火车站地下顶板防水施工方案

（一）工程概况

福州火车站是福州市大型市政工程项目，站前广场地下人防工程，总面积18088m²，其中人防工程面积11242m²。建筑层数为地下一层，建筑总高度（地面至地下总深度）为6.5m，分为：社会车辆停车场、出租车接客车库、地下商场等，战时用作物资掩蔽部和人流通道。

为保证该地下室的防水项目的施工质量，防水等级按合同和设计要求达到国家二级防水标准，根据本地下工程的特点，防水设计拟采用刚性防水涂层的防水构造，顶板混凝土强度为C30，厚度为30cm。防水材料确定选用渗透结晶型防水涂料，涂层厚度约1mm。

（二）方案编制依据

（1）国家标准 GB 50108—2001《地下工程防水技术规范》

（2）国家标准 GB 50208—2002《地下工程防水施工及验收规范》

（3）《防水工程手册》中国建筑工业出版社出版

（4）《现行防水材料标准及施工规范汇编》中国建工出版社 2002 年 6 月出版

（5）甲方的有关施工要求

（三）渗透结晶型材料产品介绍

"三爱司"水泥基渗透结晶型防水涂料（CCCW-C I 型），适用性强、施工简单易懂，成本低廉，是实现防水工程低投入、高效益的优质防水材料。2001 年、2002 年、2003 年都分别通过了上海市、浙江省等多家建筑科学研究院的技术性能检测，各项指标都符合国标 GB 18445—2012 的标准，在南京地铁、浙江会展中心、上海新客站等重大工程上均有应用，防水效果良好。

水泥基渗透结晶型防水涂料不含有任何容易老化的有机化合物，其防水涂层与基面有很好的黏结力，与结构基面融为一体。所以，防水涂层的防水作用与结构的寿命同样长，并且渗透结晶物在多年以后还能被水激活，不断生长出新的渗透结晶物，来弥补由于其他原因而产生的结构不稳定开裂带来的渗漏，使之与混凝土结构同时存在，具有持久的防水和保护钢筋、增强混凝土结构强度的性能。

（四）施工方法及要求

渗透结晶型防水涂料的防水机理决定了施工只能在混凝土结构的基面上进行，针对福州火车站的项目情况并为了配合施工工期，拟采用干撒施工法。

1. 施工前准备

人员：根据施工面积和工期需要，准备充分的施工人员。

备料：根据施工参数、施工面积预算施工需用材料及辅料，上料到位。

做好施工前的准备是保障施工质量的前提，施工所需的防水材料、人员、工具等必须备足。本产品在干撒施工时所需的工具比较简单，只需要抹光压实用的抹灰铁板或刮板即可。

2. 施工步骤

（1）在混凝土浇筑时，等到混凝土振捣密实、碾压平整，泥水工第一次用木栅板拉平后，待其表面脚踏上去不会下陷时（混凝土浇筑后未完全凝结前）进行施工。

（2）为确保地下工程达到无渗漏，采用撒干粉形式，按规定的用量将水泥基渗透结晶型防水材料，均匀地撒在混凝土表面（每平方米用量≥1kg）。

（3）再撒上微量的水，让渗透结晶型防水材料润湿，然后用木板或用抹灰铁板将混凝土表面拉平压实、压光，让防水材料能充分的和混凝土结合。

（4）终凝后的防水涂层在 0.8～1.0mm 厚左右。

（5）渗透结晶型防水材料施工后 2～3h，其表面已终凝，如处在暴晒的阳光下，应洒水进行保养 1d（室内无须养护）。

（6）待终凝后检查是否有漏撒、空鼓等不良施工处，若有需要及时修补。

（7）因工期紧张，施工人员穿插频繁，施工中必须做好成品保护工作，为保证防水涂层不被破坏，应在防水材料施工 1d 后，用 1：2 的水泥砂浆涂抹在防水涂层上进行保护，砂浆保护层厚度约在 2cm。

（8）混凝土保养期满后即可回填土。

3. 质量控制

（1）严把材料质量关：进场材料必须具备质保书及检验报告。

（2）严把材料用量关：本次施工用防水材料进行干撒，故施工时要求布撒均匀，不可偷工减料。

（3）施工质量检查：严格按施工规范操作，对特殊部位要认真检查，防止漏做而留有渗漏隐患；施工过程中，不得踩塌损坏涂层。

（五）产品质量标准

产品质量标准（GB 18445—2012）见表 6-14。

（六）防水工程质量验收

上述方案施工后质量验收，按国家标准 GB 50108—2008《地下工程防水技术规范》二级防水标准要求执行。

表 6-14　产品质量标准　　　　　　　　　　GB 18445—2012

检 验 项 目		性 能 指 标	检 验 结 果
安定性		合格	合格
凝结时间	初凝时间	≥20min	合格
	终凝时间	≤24h	合格
抗折强度/MPa	7d	≥2.80	合格
	28d	≥3.50	合格
抗压强度/MPa	7d	≥12.0	合格
	28d	≥18.0	合格
湿基面粘接强度/MPa		≥1.0	合格
抗渗压力(28d)/MPa		≥0.8	合格
第二次抗渗压力(56d)/MPa		≥0.6	合格
渗透压力比(28d)/%		≥200	合格

施工完毕后 2d 内通知甲方，甲方在接到通知 2d 内组织验收，并由甲方签署验收意见。

（七）施工后的渗漏预防

一般来说，可能出现渗漏的原因如下：

（1）养护未能跟上，混凝土水分挥发过快产生裂纹；

（2）混凝土的设计标号未到，砂石配合比不合理；

（3）UEA 的掺量为 8%～10%，作为裂缝补偿收缩的微膨胀剂使用；一般说 UEA 的性能是在有水的情况下比较理想，在无水的情况下裂缝补偿力大幅度下降。

（4）由温差变化所产生的冷缩热胀导致的裂缝。

以上可能出现的现象，使用渗透结晶型防水材料均可起到弥补作用。后续处理也极为方便。

（八）施工安全事项

（1）施工现场有××负责安全事宜，做到安全工作有专人负责。

（2）每个施工人员进入工地必须戴安全帽。

（3）由××单位配合施工用水、电的提供。

（4）施工时往来人员较多，必须有专人负责安全护卫。

（5）遇有妨碍施工的障碍物时，需由××单位专业人员处理。

（6）严格遵守施工现场的安全施工规定。

三、其他防水、堵漏工程的施工实例

【实例一】 XYPEX 在中华世纪坛刚性防水工程中的应用❶

（一）工程概况

中华世纪坛是中国人民迎接新世纪重要的标志性、纪念性建筑，坐落于军事博物馆与中央电视台之间，北依玉渊潭公园，与北京西客站相望，占地 4.5km²。

中华世纪坛由北京歌华集团公司兴建，中国建筑科学研究院综合设计研究所设计，北京高屋工程建设咨询监理公司监理，北京城建五公司施工。地上 11.48 万平方米，地下 3.10 万平方米。建筑分 A、B、C 三段，A 为主体工程，地下二层 B、C 段上面是铺地广场和绿地广场。地下水绝对标高为 42.9m，位于北区 A 段的基础之上，位于 B、C 段基础之下。地下室皆采用围护结构防水，A、B 段以及 C 段侧墙皆用卷材外防水，A 段顶板等因结构复杂卷材无法处理，皆设计用 XYPEX（赛柏斯）渗透结晶型防水材料处理，面积约 2600m²。A 段整个装饰石板台基面和楼梯及平台约 1.5 万平方米和 B、C 段顶板即铺地广场下面约 9500m² 均设计为 XYPEX 防水。整个建筑防水等级要求为 1 级。B、C 段皆为框架结构，侧墙厚度为 40cm，C 段共有 4 条后浇带（宽 60～80mm 贯通）。当时天气炎热，A 段出现多条收缩缝，A 段地下一、二层连接缝也出现多处孔洞线漏，设计和甲方均要求用 XYPEX 解决防水问题。

---

❶ 本文作者程庆余，中华世纪坛组委会总工程师。文章选自《北京城荣防水材料有限公司专论集（二）》。

（二）材料特点

XYPEX 产品是用加拿大 XYPEX 化学公司的专有技术生产的产品，是用于混凝土防水和保护的渗透结晶型的高技术化学处理剂。它是由波特兰水泥、硅砂和多种特殊的活性化学物质组成的灰色粉末状无机材料。其工作原理是 XYPEX 特有的化学活性物质利用水泥混凝土微孔及毛细管传输、充盈、发生水化作用形成不溶性的枝蔓状结晶，并与混凝土结合成为整体，从而使来自任何方向的水及其他液体被堵塞，达到永久性的防水和保护钢筋、增强混凝土结构强度的效果。

该材料有以下突出特点：渗透结晶力强、能耐受强水压、防水防潮持久不衰、有效地增强混凝土强度和保护钢筋、不影响混凝土呼吸、抗化学腐蚀、无毒无公害、耐高低温、不燃烧、不老化、耐紫外线、耐磨、耐撞击、耐氧化、抗辐射、抗冻融、可以接受别的相适应的涂层、施工方法简单。

（三）施工工艺流程

1. A 段地上三层顶板由 C 轴到圆心的工艺流程

基面预处理→部分缺陷修补、安装地漏→刷涂第 1 层 XYPEX 浓缩剂灰浆→雨水沟大于 0.4mm 裂缝处及地漏周围填 XYPEX 浓缩剂半干料后→刷第 2 层 XYPEX 浓缩剂灰浆→涂 1 道 XYPEX 增效剂→养护。

2. A 段坤体踏步工艺流程

基面处理→刷涂 2 道 XYPEX 浓缩剂灰浆→养护。

3. A 段坤体大于 0.4mm 的微裂缝修补的工艺流程及 A 段地下一、二层出现的孔洞线漏堵漏工艺流程

开槽→清理润湿→刷 XYPEX 浓缩剂灰浆→填 XYPEX 浓缩剂或堵漏剂半干料团→刷第 2 层 XYPEX 浓缩剂灰浆→养护。

4. B、C 段顶板处退铺地广场和绿地广场处理的工艺流程

基面处理→刷涂第 1 层 XYPEX 浓缩剂灰浆→刷涂第 2 层增效剂灰浆→养护。

（四）施工方法要点

1. A 段地上三层顶板由 C 轴到圆心处

（1）基面预处理：切去外露的残余钢筋，清除所有杂物；凿掉浮浆及凝结的多余的混凝土块；把基面用凿斧和钢刷打毛；充分润湿。

因白天阳光过强，以下步骤皆在夜晚施工。

（2）刷涂第 1 层 XYPEX 浓缩剂灰浆。按体积用 5 份浓缩剂、2 份水调制灰浆，调一次的料需在 20min 内用完，不宜调多，然后用专用毛刷刷涂基面，第 1 遍宜刷得薄一点。按经验和总量控制法，每平方米用 0.7kg 干粉调制的灰浆，一定要涂遍、刷匀。

（3）把基面缺陷部位和 8 处共 32 个张拉坑皆用原标号和配比的混凝土修复。对于内圈水沟按设计要求补装 8 个地漏。

（4）在内圈小水沟地漏周围及外圈大水沟底板漏水处开槽，槽宽 25～50mm、深 35～50mm，开成 U 形槽，清理干净并充分润湿，刷 1 遍 XYPEX 浓缩剂灰浆，灰浆凝结后仍保持潮湿状态时用 XYPEX 浓缩剂按与水 6∶1 配比调成半干燥料团，适时填进沟槽，捣实压紧，凝固。

（5）待第 1 遍灰浆初凝之后，涂刷第 2 层 XYPEX 浓缩剂灰浆，在地漏及大水沟填浓缩剂处统统都再刷 1 层灰浆，按总量控制，每平方米约用 0.4kg 料。注意阳角一定要刷到，阴角不能有堆积。

（6）在雨水沟上表面按同法刷 1 遍 XYPEX 增效剂灰浆。

（7）养护。待灰浆层凝固后（夜间约 12h），用喷雾器的雾化水或细水管喷洒涂层面，若是白天必须不停地喷洒细水，不能用塑料布覆盖，夜间喷洒 1～2 次即可。共养护 3d。

2. A 段坤体踏步基面

（1）同本实例（四）1.（1）。

（2）钢筋头渗漏点的处理：对所有钢筋头周围挖槽并切除。对有渗漏现象的钢筋周围开槽（约 25mm 宽，30mm 深），清除内部的砂石块，充分润湿但不要存明水，刷 XYPEX 浓缩剂灰浆，待灰浆初凝后填入 XYPEX 半干料团压实压紧、凝固，再刷 1 遍 XYPEX 浓缩剂灰浆。

（3）同本实例（四）1.（2）刷浆，注意阳角一定要刷到，阴角不能堆积。

（4）待第 1 遍灰浆初凝后，用 XYPEX 增效剂刷第 2 遍，总量控制每平方米用量 0.5kg，方法要求同前。

（5）养护，同本实例（四）1.（7）。

3. A 段坤体大于 0.4mm 的微裂纹修补及 A 段地下一、二层立壁出现的 10 余处孔洞线漏堵漏

（1）开槽，在漏水处开槽或孔，必须是 U 形，宽 25～30mm，深 30～50mm。

（2）湿润，将槽内松动的砂石和灰用水冲净，并充分润湿。

（3）刷浆，在槽内刷 XYPEX 浓缩剂灰浆。

（4）待灰浆凝固并保持潮湿状态时，用 XYPEX 堵漏剂堵水按 3.5 份料、1 份水的比例调制成半干燥料团，填满沟槽，捣实压紧，直至凝固。

（5）在填缝上再刷涂第 2 层浓缩剂灰浆。

（6）养护（同前）。

4. B、C 段顶板的处理

（1）顶板基面处理，清除杂物，把基面用凿斧和钢刷打毛，用水冲净，充分润湿基面但不要保留明水。

（2）刷涂 XYPEX 浓缩剂灰浆，配制和刷涂方法同前，按总量控制每平方米用 0.7kg，要刷遍、刷匀。

（3）在涂层凝固后但仍保持湿润情况，刷涂第 2 层 XYPEX 增效剂灰浆，灰浆配制同浓缩剂，一次不能调多，随调随刷。第 1 涂层如过干，则需喷湿但不能有明水。第 2 涂层按总量控制 $0.5kg/m^2$。

（五）质量保证、安全措施及成品保护

1. 质量保证措施

（1）防水施工前会同监理和甲方对前道工序进行验收，检查混凝土强度及抗渗标号及基面是否符合设计要求和防水施工要求并协调解决。

（2）技术资料齐全。XYPEX 防水材料在使用前出具了北京市建材质量监督站检测合格证明及产品合格证。

（3）所有进场材料检查了生产日期，包装均符合厂标，无破损。材料进场后按指定地点储存，符合储存条件。专人保管、分发，识清标志，避免误发。

（4）XYPEX 材料进场后，抽样送至北京市建材质量监督站及时做出复检报告。

（5）XYPEX 防水材料进场后，对施工人员介绍了有关知识，使施工人员能按照施工方法要点正确施工，并在施工阶段进行技术指导服务。

（6）防水施工现场有明确分工，明确质量负责人，强化工序质量监督，严格按施工方案和技术规范施工，杜绝违章作业，强调加强责任心，对出现的问题及时纠正，该返工的立即返工，在下雨、暴晒不能施工时，绝不勉强施工。

2. 安全文明措施

（1）防水施工人员进场前进行安全及防火教育，强调自觉严格地遵守工地安防规定。

（2）用 XYPEX 材料进行防水施工时，要求戴胶皮手套，以防伤害皮肤。

（3）做到文明施工，每天工完场清，施工垃圾及时运到指定地点堆放，施工器具每天及时收理清洗，以备下次使用。

3. XYPEX 防水施工成品保护

（1）明确规定施工区内不得交叉施工并设专人看管。

（2）对已施工的层面在养护期未结束之前不践踏，不堆放其他物件，负责养护的施工人员都穿软底鞋，反复多次喷水完成养护。

（3）因现场有金属结构交叉施工，在养护期内注意不破坏防水层，如有磕碰，及时修补。

（4）对于施工完成的防水面及时办理交验工作。

（六）质量验收标准

（1）涂层薄厚基本均匀，无空白，修补处无空缺。

（2）保证用量，按总量控制达到平均用量 $1.2kg/m^2$。

（3）保证养护时间。

（4）进行闭水试验，无渗水漏水现象。

（七）回访

中华世纪坛用 XYPEX 水泥基渗透结晶型防水材料进行施工，于 1999 年 9 月工程结束，经历一冬两夏的考验，第二年 8 月下旬对工程进行了回访，中华世纪坛管理中心反映，XYPEX 防水材料性能优异、防水效果优良，而且施工简便、不需要维护。其工程质量也一致受到称赞。

【实例二】　XYPEX 防水材料在上海地铁防水堵漏施工中的应用和分析❶

本文介绍的 XYPEX 防水材料，在很大程度上能满足隧道内防水堵漏的要求。

（一）XYPEX 防水材料的主要化学原理和施工特性

1. XYPEX 防水材料的主要化学原理

XYPEX 防水产品是由波特兰水泥、硅砂和许多活性的物质组成的干粉状材料。

当它存放于密封的铁桶里时，对储存和运输方面的要求，和我们平常使用的水泥差不多，当 XYPEX 以适当的比例与水混合，以灰浆的形式用于混凝土表面涂层时，其中活泼的化学物质产生催化反应，这种反应通过所渗透的混凝土产生一种不溶性纤维状的结晶生成物，由于它的活性物质和水有良好的亲和性，它可以在施工后乃至很长的一段时间里，沿着需要维修的混凝土基层中的细小裂缝和毛细孔管道中的渗漏水源向内层发展，从而起到堵漏的效果。它的这个特性，很适合在隧道内背水面的堵漏。

2. XYPEX 的施工配方和现场操作

XYPEX 产品系列主要有三种，可用于渗水、垂珠和线漏等渗漏状况，根据不同的施工要求，选用不同的品种和配制比例。

由于它是单组分产品，所以在现场的配制非常简单，就像拌和水泥净浆一样，只要在盛器内用洁净水按一定的比例拌和即可使用。

当"浓缩剂"拌制用于封堵正在漏水的凿缝和蜂窝状缺损的干填料时，配制的比例为：XYPEX 粉：水＝6：1。

如果把它拌和成浆液用于处理混凝土表面渗水时，它和水的比例可以是粉：水＝5：2 或粉：水＝3：1。

由于它是按容积比调和的，所以现场配制须具备两个体积相同的容具（分别

---

❶　本文作者孙建平，上海市地铁运营公司。本文选自《北京城荣防水材料有限公司专论集（一）》。

量取 XYPEX 粉和水），若干调制量具，一把配以低速（250r/min）手提式电动搅拌器和一些适当的工具就可以进行施工了。

3. XYPEX 材料对施工面的条件要求

很多的堵漏材料，在作业前要求被处理的混凝土接触面保持干燥，有时只得用汽油或酒精喷灯进行烘干处理，由于这样要动用明火，具有很大的不安全因素，所以在地铁内应是尽量少用或是不允许的。

但 XYPEX 本身具有亲水性，它要求在保持工作面湿润的渗漏修补面不需要做多余的处理，而只要把表面的装饰物及疏松的混凝土面层凿除掉，露出粗糙和新鲜的混凝土基层，并加以清洁就可以施工了。

至于施工后的养护，也和普通的混凝土结构一样，只要在两三天内保持表面湿润就可以了。

不难看出，XYPEX 防水材料简单易行和快速高效的施工工艺，是非常适合在地铁建筑物内堵漏、修补的，尤其适合于一些抢修项目。

（二）XYPEX 材料用于上海地铁一段徐家汇折返段内

原来由于渗漏较多，积水严重，环境很差，给南段按时通车带来很大障碍，1994 年 7 月下旬，地铁总公司领导要求我们运营公司修建段对徐家汇折返段用综合防水整治。并且指示我们采用 XYPEX 材料对其中渗漏和积水严重的 12 组共 24 个转辙器坑作堵漏试验。

1. 转辙器坑在堵漏维修前的状态

因施工质量等因素，转辙器坑混凝土表面疏松，侧壁和底部存在渗水现象，坑内积满污水，安装不久，尚未投入使用的 12 台转辙器因长期浸泡在污水中，造成设备锈蚀，失去使用功能，影响徐家汇折返段投入的正常使用。

2. 使用 XYPEX 材料对转辙器坑进行防水维修的工艺过程

首先，将坑内的污水除净，用凿子和钢丝清理内侧壁和底部，使混凝土露出新鲜的表层毛细管状态，然后用抹布抹干净，再用抹布蘸去多余的积水，使坑内保持湿润状态。

把 XYPEX 浓缩剂和水按 5：2 的容积比快速均匀调和，然后用硬毛刷将调好的灰浆均匀地涂刷在转辙器坑的侧壁和底部。单层涂层的浓缩剂用料量为 $0.8\sim1kg/m^2$，涂层厚度为 $0.8\sim1.2mm$。

当第一层灰浆初凝未干后，为提高维护质量内的保险程度，按先前的做法，又进行了第二层涂料施工。

施工结束后，在 3d 内每天 2～4 次用喷水壶均匀湿润坑内土层表层进行养护，由于地下建筑物内湿度较大，水分蒸发慢。所以养护质量能够得到保护。

3. 防水效果的检验

养护结束以后，坑内土层表面呈整洁的灰白色，手感比原先的混凝土质地坚硬，在以后的时间里定期的检查，侧壁和底部的渗水现象消失，坑内经常保持干燥的状态，说明 XYPEX 材料的防水性能和质量是相当可靠的。从而保证了新安装的转辙器的正常使用。

另外，用 XYPEX 材料在徐家汇降压变电站和下立交桥侧壁进行了类似的防水堵漏的施工，同样获得了令人满意的效果。

（三）采用 XYPEX 防水材料维修工程的经济指标分析

1. 材料的价格

XYPEX 水泥基渗透结晶防水材料系加拿大的进口产品，它的进岸价格为人民币 50 元/kg，与国内类似产品相比，这个价格是相当高的。但从它涂层 0.8kg/m² 这样的用量来看，平均单位面积所需的材料用量较少，从而相对降低了工程造价。

2. 影响维修工程造价的其他方面

使用 XYPEX 材料，施工工艺简单，投入的人工和设备数量也少，所以，从整个工程里面包含的工料、机具和管理费用来分析，除了材料费用较高以外，其他方面所需的费用都比同类施工项目低，这样就使综合维修费用降低下来，因此说，使用 XYPEX 材料，虽然材料价格较高，但对整个工程维修费用的影响不大。

另外，由于该防水材料质量可靠，收效快，适用范围大，尤其适合我们在车站设备用房、隧道区里进行的紧急抢修工程，在尽量缩短堵漏维修时间、保证地铁正常运营方面，它带来的社会效益也是不容忽视的。

（四）结论

（1）XYPEX 防水材料的化学性能和反应特征，是它能够被应用于具有承压水头的迎、背水面，因此非常适合地铁地下构筑物内的防水堵漏维修。

（2）XYPEX 防水材料的使用操作工艺简单、收效快，以及所需人工和设备的特点，对于我们在洞内施工维修作业时间很短的情况也是十分有利的。

（3）XYPEX 防水材料能够在渗漏潮湿的环境中使用，所以它在地铁的车站、设备用房以及隧道内应用范围较广。

（4）使用 XYPEX 防水材料所得的间接效益较好，以徐家汇折返段为例，由于使用该材料解决了工作坑的渗漏水问题，使重新安装的价值 12 万元的新转辙器使用寿命得到了保证。

（5）XYPEX 属于刚性材料，对于存在相对位移、内有柔性填充物的变形缝、沉降缝的堵漏维修不适应，因此具有一定的局限性，但配合其他防水材料，仍可解决这一问题。

综上所述，XYPEX 防水材料在上海地铁以及其他领域有着广泛的应用前途，值得推广。

【实例三】 利用 XYPEX 材料整治圬工梁病害❶

（一）概况

混凝土结构由于具有许多钢结构所不具备的优越性，其使用范围正在以惊人的速度扩大，仅在铁路桥梁中已超过总数的 90% 以上。在近期新建的铁路线上，除跨越大江大河的大跨度桥梁仍采用钢梁外，混凝土梁几乎包揽了全部桥梁领域。

随着我国铁路混凝土桥梁修建数量的增加和使用时间的延长，加上设计、施工、环境等因素的综合影响，混凝土结构的自身弱点也逐渐地显露出来。根据铁道部 1995 年桥梁秋检资料统计，全路有严重裂损的混凝土梁 672 座计 2674 孔，严重漏水的混凝土梁 768 座计 2119 孔，碱骨料反应引起的预应力混凝土梁裂损达 1000 余孔，使用 40 年以上的钢筋混凝土梁，其保护层普遍中性化，且碳化深度超过钢筋位置，引起钢筋锈蚀，混凝土保护层脱落（图 6-1 为我段❶管内建于 1959 年的长牛线♯11 桥梁体裂损概貌，表 6-15 为该桥长兴方向二孔圬工梁中性化检测结果）。这些病害的存在，尤其是裂纹和中性化问题，直接影响到混凝土结构整体功能的正常发挥，给正常的养护维修工作也带来了很大压力，有的还对列车的正常运行构成了严重的安全隐患。因此，如何延缓这种影响，探索提高混凝土结构的耐久性和可靠性问题，已成当务之急。

图 6-1　长牛线♯11 桥梁体裂损概貌

---

❶　本文作者杨连军，杭州铁路分局杭州东工务段。

表 6-15　长牛线♯11 桥梁体中性化检测结果

梁孔位置		测点位置	主要测点中性化深度/mm							裂纹处/mm	泄水孔水印处/mm
			1	2	3	4	5	6	均值		
第一孔	左	外侧	20	32	30	33	20	31	28.1	35	20
		内侧	25	24	26	35	18	19	24.5		
	右	外侧	22	23	24	30	24	32	27.5	40	25
		内侧	28	12	26	14	27	23	21.7		
第二孔	左	外侧	28	27	32	25	27	25	27.3	37	29
		内侧	32	24	24	34	26	26	28.0		
	右	外侧	22	20	25	24	26	25	23.7	30	34
		内侧	19	31	19	32	26	26	25.3		

（二）圬工梁裂损及中性化原因浅析

造成圬工梁梁体裂损的原因，主要是施工质量不良和设计考虑不周，以及普通钢筋混凝土梁自身结构难以避免的梁底部受拉区混凝土，在梁上荷载的作用下而产生。其造成的后果是使混凝土梁体保护层失效，导致外界水汽侵入梁内而锈蚀钢筋。

而对混凝土造成中性化损害的原因，则相对较复杂。根据相关的研究分析，主要是由于大气中的二氧化碳等有害气体和水分不断地向混凝土内部渗透，与其中的碱性水化物发生物理化学反应，使混凝土的 pH 值从原来的 12 以上，降低到 10 以下，即发生中性化。当这种反应深度达到混凝土的保护层厚度时，梁内钢筋表面的钝化保护膜将被破坏，空气中的水分和有害气体将导致钢筋锈蚀，从而影响梁体承受荷载的能力。

从化学上分析，造成对钢筋混凝土中性化损害的主要表现形式有以下几种。

（1）碳酸水的腐蚀（即碳化）：

$$Ca(OH)_2 + CO_2 = CaCO_3 \downarrow + H_2O$$

$$CaCO_3 + CO_2 + H_2O = Ca(HCO_3)_2$$

$$Ca(OH)_2 + Ca(HCO_3)_2 = 2CaCO_3 \downarrow + 2H_2O$$

混凝土中的水泥所含氢氧化钙与大气中的二氧化碳和水分作用，生成碳酸钙，再作用转变成重碳酸钙，再与氢氧化钙反应又生成不溶性的碳酸钙，这样使得氢氧化钙的浓度不断降低（即碱度降低），同时还会导致混凝土中其他水化物的分解，使腐蚀进一步向混凝土内部进行。

（2）碱集料反应：

$$Na_2O + H_2O = 2NaOH$$

$$2NaOH + SiO_2 = Na_2O \cdot SiO_2 + H_2O$$

由于混凝土中所用水泥的碱含量过高，加上集料中活性氧化硅的作用，就容易发生碱集料反应，而生成一种碱硅胶，反应后其体积增大，且具强烈吸水性，使混凝土膨胀引起内部应力导致混凝土开裂。

当混凝土产生裂纹、表层碳化或碱集料反应至钢筋保护层深度时，外界水汽侵入。由于钢筋混凝土中的电极电位差而引发电化学锈蚀，使钢筋表面的氧化铁与水反应生成氢氧化铁，进而再生成铁锈而腐蚀钢筋。

根据以上分析，导致钢筋混凝土梁体裂纹和中性化的结果，使混凝土失去对梁内钢筋的保护，在外界水汽作用下锈蚀钢筋，同时也降低了混凝土自身的强度和密实度，从而造成钢筋混凝土梁的病害。而要控制裂纹和中性化发展对混凝土梁的损害，关键在于阻止水分或湿气及各种有害化学物质侵入混凝土梁内部，使梁内钢筋锈蚀和中性化发展缺少外部条件。因此，采取的对策通常是对混凝土梁进行修补，而后再进行表面涂装保护。

（三）整治方案探索

如何对圬工梁裂纹进行修补和对混凝土表面进行涂装保护。按传统的做法，一般采用环氧树脂砂浆修补和环氧树脂浆液进行表面封闭。由于环氧树脂属有机材料，不耐久，且施工有毒性，操作工艺复杂，使用过程中存在较多不利因素。因此，新修订的《铁路桥隧大修维修规则》中，已将相关内容删除。

针对环氧树脂的这些不足，近年又有试用改良型的新材料和新工艺，但这些材料均采用改性环氧树脂，属性仍为有机材料，不耐久且操作工艺烦琐，要求较高。另外，还有一些从国外引进的修补材料和工艺，尚在应用试验之中。

根据上述情况，我们选用了一种从加拿大引进的，由波特兰水泥、极细的硅砂和多种性质活泼的化学物质组成的无机粉状料——XYPEX材料，对管内几座裂损较严重的圬工梁桥，进行了修补和涂装保护。由于这种材料具有渗透、增强、耐久、无污染的特点，涂装时将其以灰浆形式涂在清理过的混凝土表面，它就会在含有水分的混凝土表层毛细孔中进行催化结晶反应，产生一种不溶性的枝蔓状结晶物。这种结晶物除对混凝土表面具有保护作用外，由于其在毛细孔道中产生结晶体，会使混凝土的孔隙被结晶体填充，混凝土的表层密实度随即提高，从而增加了混凝土结构的强度以及增强防水汽侵蚀的能力，以期达到对梁体的修复和延缓中性化速率，进而延长圬工梁的使用寿命。

（四）整治方案实施

XYPEX是一种渗透增强型防水材料，一般常用于防水结构中，用于铁路钢筋混凝土梁上，尚属首次需要克服动载的影响和施工适应性的问题，因此，实施时有其特殊的要求。经过试验，拟订的操作工艺流程如下：

梁基面处理——→梁体修补——→表面涂装——→保养

实施中严格按以下工艺细则进行。

1. 梁基面处理

（1）铲除梁体表面原修补过的所有环氧树脂及其他固化物。

（2）进行人工凿毛或机具喷砂清理，清除表面附着物，使梁基面露出新鲜毛面。

（3）将大于 0.3mm 裂纹修凿成 20mm×20mm 内大外小的燕尾槽，凿除明显的混凝土胀裂块，并对梁体蜂窝、掉块做进一步处理，清除所有松动块体。

2. 梁体修补

（1）对缝槽及掉块、空洞处用水清洗干净，并充分润湿。

（2）用 XYPEX 堵漏剂对梁体进行修补，要求分层填补，挤压密实至梁体平。

（3）按常规对修补处进行养生。

3. 表面涂装

（1）先用水将基面灰尘、浮碴等冲洗干净，并充分润湿梁体，使梁体保持"毛、净、潮"状态，但不能有明水。

（2）配料按喷涂和刷涂两种配合比进行：

喷涂　粉∶水＝5∶3

刷涂　粉∶水＝5∶2

（3）涂装：涂前充分搅拌均匀，分两次进行涂装，每次按 $0.3\sim0.5kg/m^2$ 控制用量，涂层应均匀，并覆盖住梁体表面，两次涂装间隔时间一般在 2h 左右，以首度初凝并使梁表面仍湿润为准。

4. 保养

当 XYPEX 涂层初凝、固化后，即可洒水养生，时间 3d，每天 6～8 次。

（五）整治效果

自 1997 年以来先后完成的管内长牛线♯11、♯10、♯7、♯6 桥，宣杭线♯112、♯121 桥，以及于 1999 年完成的芜湖工务段管内芜铜线♯10 桥现场观察情况，原有裂纹已被封闭，除长牛线♯11 桥梁体大面积修补处因施工质量而产生裂纹外，其他梁体表面未发现有新的剥落和重新开裂。

由于梁体外露表面已被覆盖，并且根据室内试验证明 XYPEX 材料特有的渗透、增强性能，能提高梁体混凝土表层的密实度和强度，可有效地阻拦外界水汽的侵入，从而提高梁体混凝土抗水汽侵蚀的能力，进而加强对梁体钢筋的保护，较好地解决延缓圬工结构的中性化问题。

从技术上分析，使用 XYPEX 材料与使用环氧树脂类材料比较，其独特的功能在圬工结构上具有明显的优势，现列表比较见表 6-16。

表 6-16 XYPEX 材料与环氧树脂类材料技术比较

序号	比较项目	环氧树脂类材料	XYPEX 无机材料
1	作用范围	仅表面覆盖	能向内渗透达表层一定深度
2	裂纹修补作用	两修补面间粘接	在混凝土空隙中形成枝蔓状结晶
3	裂纹封闭	表面覆盖	渗透愈合
4	使用年限	6～8 年	与混凝土同寿命
5	混凝土表层强度	无增加	有增加
6	混凝土表层密实度	无提高	有提高
7	环境保护	有污染	无污染(绿色材料)
8	劳动保护	有毒	无毒
9	操作工艺	复杂且要求高	简单易掌握
10	施工适应性	需加热且限制多	无须加热且相对限制少
11	耐腐耐候性	影响大	适应性强(pH＝3～11 可长期接触)

从经济上分析，根据管内修补的几座圬工桥投入工料测算，用 XYPEX 材料和工艺的每平方米成本为 46 元，若改用环氧树脂材料和工艺，按以往的测算，每平方米的成本为 43 元。这样单从一次的投入结果而言，体现不出 XYPEX 的经济优势，但考虑到使用寿命，XYPEX 在经济上的优势就显露出来。现就环氧树脂寿命按 7 年、XYPEX 寿命按 21 年计算，其经济指标比较如图 6-2 所示。

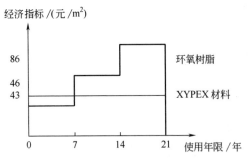

图 6-2 XYPEX 与环氧树脂类材料经济指标比较

（六）结语

从以上试验结果和经济技术分析可知，采用 XYPEX 材料和工艺对钢筋混凝土梁进行修补和涂装保护，与其他材料和工艺相比具有显著的优势。它不仅能完成对圬工梁的修补和保护涂装，有效地阻拦外界水汽对圬工梁的侵蚀，达到修复梁体和延缓中性化速率的目的。而且同寿命费用较低，使用材料单一，操作简便，工艺设备简单，施工适应性强，工艺易于被接受和掌握，以及材料所具有的"绿色"性能，能够满足对圬工结构的修补和保护涂装的技术要求，尤其在早期的低标号钢筋混凝土结构中推广应用，具有宽广的前景。

第三节 水泥基渗透结晶型防水材料的设计与施工指南

一、设计指南（XYPEX）渗透结晶型防水材料的应用图例

标准结构连接节点做法之一

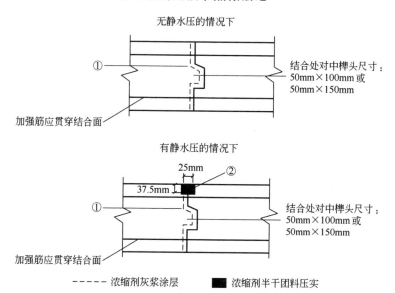

------- 浓缩剂灰浆涂层　　■ 浓缩剂半干团料压实

结点防水做法

① 防水基面处理　彻底清理基面；在构件的结合处涂刷 XYPEX 浓缩剂灰浆，用量为 $1.0kg/m^2$。

② 预留密封槽　彻底清理预留密封槽；在预留密封槽内少刷 XYPEX 浓缩剂灰浆，用量为 $0.8kg/m^2$。而后在预留密封槽里填满 XYPEX 浓缩剂半干团料并压实。预留密封槽可以偏置于结合面的任何一侧。

标准结构连接节点做法之二

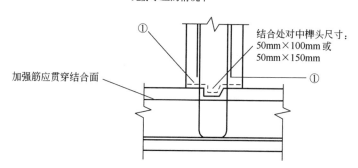

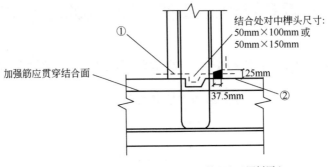

有静水压的情况下

结合处对中榫头尺寸:
50mm×100mm 或
50mm×150mm

加强筋应贯穿结合面

25mm

37.5mm

------ 浓缩剂灰浆涂层　　■ 浓缩剂半干团料压实

结点防水做法

① 防水基面处理　彻底清理基面；在构件的结合处涂刷 XYPEX 浓缩剂灰浆，用量为 1.0kg/m²。

② 预留密封槽　彻底清理预留密封槽；在预留密封槽内涂刷 XYPEX 浓缩剂灰浆，用量为 0.8kg/m²。而后在预留密封槽里填满 XYPEX 浓缩剂半干团料开压实。预留密封槽可以偏置于结合面的任何一侧。

地下混凝土结构防水做法

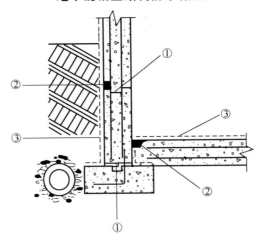

------ 浓缩剂灰浆涂层　　■ 浓缩剂半干料团 压实

① 在构件的基层上涂刷 XYPEX 浓缩剂灰浆，用量为 1.0kg/m²。

② 预留密封槽：先在预留密封槽内涂刷 XYPEY 浓缩剂灰浆，用量为 0.8kg/m²，而后在预留密封槽里填满 XYPEX 浓缩剂半干团料并压实。

③ 如图所示，在墙面和地面涂一层 XYPEX 浓缩剂灰浆，用量为 0.8～1.2kg/m²。

注意：在排水条件差或有静水压的地方，还要在墙面和地面上涂上一层 XYPEX 增效剂灰浆；用量为 0.65～0.8kg/m²。

地下室内防水做法

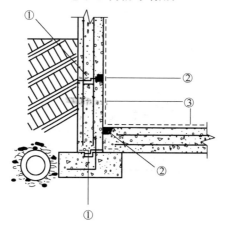

---- 浓缩剂灰浆涂层　　■ 浓缩剂半干料团压实

① 在构件的基层上涂刷 XYPEX 浓缩剂灰浆，用量为 1.0kg/m²。

② 预留密封槽：先在预留密封槽内涂刷 XYPEY 浓缩剂灰浆，用量为 0.8kg/m²。而后在预留密封槽里填满 XYPEX 浓缩剂半干团料并压实。

③ 如图所示，在墙面和地面涂一层 XYPEX 浓缩剂灰浆，用量为 0.8～1.2kg/m²。

注意：在排水条件差或有静水压的地方，还要在墙面和地面上涂上一层 XYPEX 增效剂灰浆；用量 0.65～0.8kg/m²。

地下挡土墙外防水做法

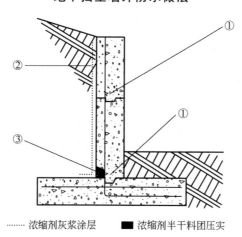

…… 浓缩剂灰浆涂层　　■ 浓缩剂半干料团压实

① 在构件的基层上涂刷 XYPEX 浓缩剂灰浆，用量为 1.0kg/m²。

② 预留密封槽：在预留密封槽内涂刷 XYPEY 浓缩剂灰浆，用量为 0.8kg/m²。而后在预留密封槽里填满 XYPEX 浓缩剂半干团料并压实。

③ 如图所示，在墙面和地面涂一层 XYPEX 浓缩剂灰浆，用量为 0.8～1.2kg/m²。

地下混凝土块墙外防水做法

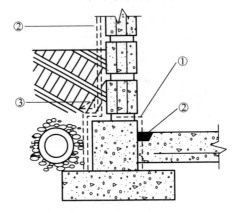

---- 浓缩剂灰浆涂层　　■ 浓缩剂半干料团　　∠⌐ 增效剂灰浆涂层

① 在砌混凝土块墙和安装混凝土底板构件之前，先在它们与地基的基层上涂刷一层 XYPEX 浓缩剂灰浆，用量为 $1.0kg/m^2$。

② 在外墙面和地基外侧上涂两层 XYPEX 浓缩剂灰浆，每层用量为 $0.65\sim0.8kg/m^2$。第二层灰浆应当在第一层已经初凝但仍潮湿时施工。

③ 在砌混凝土块墙和安装混凝土底座的连接处填塞增效剂半干料团压实。

注：由于混凝土质量各不相同（如混凝土强度、气孔率等），请向厂方技术代表咨询。

混凝土块墙防水做法

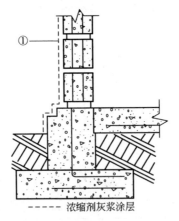

---- 浓缩剂灰浆涂层

① 在砌混凝土块墙上涂刷一层 XYPEX 浓缩剂灰浆，用量为 $0.8kg/m^2$。涂层应当延伸至地平面。在遇到混凝土质量不好的地方，应当涂刷第二层 XYPEX 浓缩剂灰浆，用量为 $0.65\sim0.8kg/m^2$。

注：1. 应当在施工前把墙分段，每一段墙面要在同一天完成，使施工后各段的外观尽可能地一致。

2. 由于混凝土质量各不相同（如混凝土强度、气孔率等），请向厂方技术代表咨询。

停 车 场

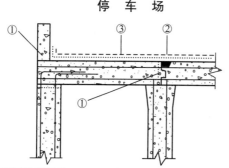

……… 浓缩剂灰浆涂层 ---- 增效剂灰浆涂层 ■ 浓缩剂半干料团

① 在构件的基层上涂刷 XYPEX 浓缩剂灰浆，用量为 $1.0kg/m^2$。

② 预留密封槽：在预留密封槽内涂刷 XYPEY 浓缩剂灰浆，用量为 $0.8kg/m^2$；而后在预留密封槽里填满 XYPEX 浓缩剂半干料团并压实。

③ 在地面上先涂一层 XYPEX 浓缩剂灰浆，用量为 $0.65\sim0.8kg/m^2$；在该层初凝但仍潮湿时，涂刷 XYPEX 增效剂，用量为 $0.65\sim0.8kg/m^2$。

屋顶/广场地坪

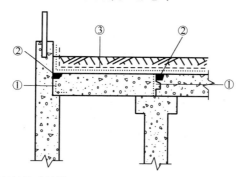

……… 浓缩剂灰浆涂层 ---- 增效剂灰浆涂层 ■ 浓缩剂半干料团

① 在构件的基层上涂刷 XYPEX 浓缩剂灰浆，用量为 $1.0kg/m^2$。

② 预留密封槽：在预留密封槽内涂刷 XYPEY 浓缩剂灰浆，用量为 $0.8kg/m^2$；而后在预留密封槽里填满 XYPEX 浓缩剂半干料团并压实。

③ 在地面上和邻接边墙处先涂一层 XYPEX 浓缩剂灰浆，用量为 $0.65\sim0.8kg/m^2$；在该层初凝但仍潮湿时，涂刷 XYPEX 增效剂，用量为 $0.65\sim0.8kg/m^2$。

注：1. 应当采用豆石沙砾或其他防护材料来防止温度骤变。

2. 对于伸缩缝以及存在缓慢位移的缝隙处应当使用相应的柔性密封材料。

升降机坑/水坑

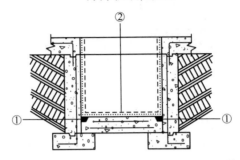

········ 浓缩剂灰浆涂层　　---- 增效剂灰浆涂层　　▀ 浓缩剂半干料团

① 预留密封槽：在预留密封槽内涂刷 XYPEY 浓缩剂灰浆，用量为 $0.8kg/m^2$；而后在预留密封槽里填满 XYPEX 浓缩剂半干料团并压实。

② 在墙面上和底板处先涂一层 XYPEX 浓缩剂灰浆，用量为 $0.65\sim0.8kg/m^2$；在该层初凝但仍潮湿时，涂刷 XYPEX 增效剂，用量为 $0.65\sim0.8kg/m^2$。

种　植　坑

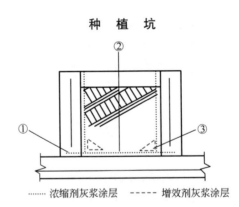

········ 浓缩剂灰浆涂层　　----- 增效剂灰浆涂层

① 在构件的基层上涂刷 XYPEX 浓缩剂灰浆，用量为 $1.0kg/m^2$。

② 在所有的内墙面和底板上涂一层 XYPEX 浓缩剂灰浆，用量为 $0.8\sim1.2kg/m^2$。

③ 在该层已经初凝但仍潮湿时，对内墙面和底板的结构连接的阴角处涂刷一遍 XYPEX 增效剂。

隧 道

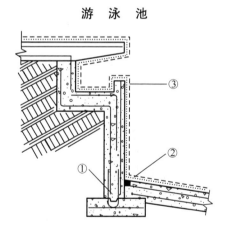

······ 浓缩剂灰浆涂层 ------ 增效剂灰浆涂层 ■ 浓缩剂半干料团

① 在构件的基层上涂刷 XYPEX 浓缩剂灰浆，用量为 $1.0 kg/m^2$。

② 预留密封槽：在预留密封槽内涂刷 XYPEY 浓缩剂灰浆，用量为 $0.8 kg/m^2$；而后在预留密封槽里填满 XYPEX 浓缩剂半干料团并压实。

③ 在所有顶板、墙面和底板上涂一层 XYPEX 浓缩剂灰浆，用量为 $0.65 \sim 0.8 kg/m^2$。在该层已经初凝但仍潮湿时，涂刷一遍 XYPEX 增效剂，用量为 $0.65 \sim 0.8 kg/m^2$。

游 泳 池

······ 浓缩剂灰浆涂层 ------ 增效剂灰浆涂层 ■ 浓缩剂半干料团

① 在构件的基层上涂刷 XYPEX 浓缩剂灰浆，用量为 $1.0 kg/m^2$。

② 预留密封槽：在预留密封槽内涂刷 XYPEY 浓缩剂灰浆，用量为 $0.8 kg/m^2$；而后在预留密封槽里填满 XYPEX 浓缩剂半干料团并压实。

③ 对池的平台、全部内墙和底板上先涂一层 XYPEX 浓缩剂灰浆，用量为 $0.65 \sim 0.8 kg/m^2$。在该层已经初凝但仍潮湿时，涂刷一层 XYPEX 增效剂，用量为 $0.65 \sim 0.8 kg/m^2$。对于要求均匀一致的裸露的表面，可以用海绵抹平。

注：在 XYPEX 处理层与任何面层材料之间必须有适宜的粘接介质（例如瓷砖的灌浆层）。

污水处理沉淀池

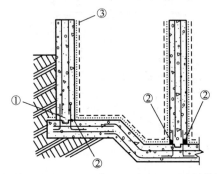

········ 浓缩剂灰浆涂层　----- 增效剂灰浆涂层　■ 浓缩剂半干料团

① 在构件的基层上涂刷 XYPEX 浓缩剂灰浆，用量为 1.0kg/m²。

② 预留密封槽：在预留密封槽内涂刷 XYPEY 浓缩剂灰浆，用量为 0.8kg/m²；而后在预留密封槽里填满 XYPEX 浓缩剂半干料团并压实。

③ 在所有的顶板、墙面和底板上先涂一层 XYPEX 浓缩剂灰浆，用量为 0.65~0.8kg/m²。在该层已经初凝仍潮湿时，涂刷一层 XYPEX 增效剂，用量为 0.65~0.8kg/m²。

污水处理分解池

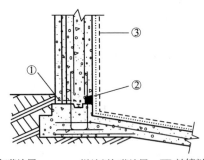

········ 浓缩剂灰浆涂层　----- 增效剂灰浆涂层　■ 浓缩剂半干料团

① 在构件的基层上涂刷 XYPEX 浓缩剂灰浆，用量为 1.0kg/m²。

② 预留密封槽：先在预留密封槽内涂刷 XYPEY 浓缩剂灰浆，用量为 0.8kg/m²；而后在预留密封槽里填满 XYPEX 浓缩剂半干料团并压实。

③ 在所有的顶板、墙面和底板上先涂一层 XYPEX 浓缩剂灰浆，用量为 0.65~0.8kg/m²。在该层已经初凝但仍潮湿时，涂刷一层 XYPEX 增效剂，用量为 0.65~0.8kg/m²。

蓄水池/潮湿的井

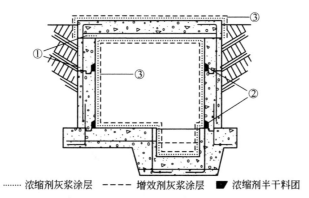

┈┈┈ 浓缩剂灰浆涂层　﹣﹣﹣﹣ 增效剂灰浆涂层　▪ 浓缩剂半干料团

① 在构件的基层上涂刷 XYPEX 浓缩剂灰浆，用量为 1.0kg/m²。

② 预留密封槽：先在预留密封槽内涂刷 XYPEY 浓缩剂灰浆，用量为 0.8kg/m²；而后在预留密封槽里填满 XYPEX 浓缩剂半干料团并压实。

③ 在所有的顶板、墙面和底板上先涂一层 XYPEX 浓缩剂灰浆，用量为 0.65～0.8kg/m²。在该层已经初凝但仍潮湿时，涂刷一层 XYPEX 增效剂，用量为0.65～0.8kg/m²。

地窖/干燥的井

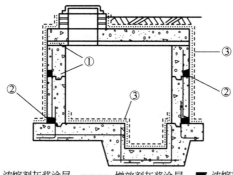

┈┈┈ 浓缩剂灰浆涂层　﹣﹣﹣﹣ 增效剂灰浆涂层　▪ 浓缩剂半干料团

① 在构件的基层上涂刷 XYPEX 浓缩剂灰浆，用量为 1.0kg/m²。

② 预留密封槽：先在预留密封槽内涂刷 XYPEY 浓缩剂灰浆，用量为 0.8kg/m²；而后在预留密封槽里填满 XYPEX 浓缩剂半干料团并压实。

③ 在所有的顶板、墙面和底板上先涂一层 XYPEX 浓缩剂灰浆，用量为 0.65～0.8kg/m²。在该层已经初凝但仍潮湿时，涂刷一层 XYPEX 增效剂，用量为0.65～0.8kg/m²。

地下混凝土检修井

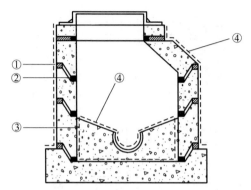

- - - - 浓缩剂灰浆涂层　　■ 浓缩剂半干料团　　▨ 堵漏修补胶料团

① 在预制构件之间安装的结合处允许有 13～19mm 的间隙，用 XYPEX 的堵漏修补胶充塞外部的间隙。

② 对内部的间隙先涂刷一层 XYPEX 浓缩灰浆，用量为 0.8kg/m²；而后用 XYPEX 浓缩半干料团并压实。

③ 对底环的内面、外墙面和底板上，先涂一层 XYPEX 浓缩剂灰浆，用量为 0.65～0.8kg/m²。

④ 在混凝土水槽就位后，在其表面涂刷一层 XYPEX 浓缩剂灰浆，用量为 0.8～1.2kg/m²。

金属管外缘防水做法

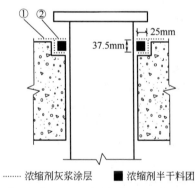

┈┈ 浓缩剂灰浆涂层　　■ 浓缩剂半干料团

① 在构件的凹槽里涂刷 XYPEX 浓缩灰浆，用量为 0.8kg/m²。

② 在凹槽里填满 XYPEX 浓缩剂半干料团并压实。在压实的 XYPEX 浓缩剂半干料团上洒水润湿，并刷一层 XYPEX 浓缩剂灰浆，用量为 0.8kg/m²。

混凝土船坞/沉箱/浮动码头

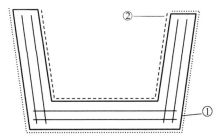

┈┈┈ 浓缩剂灰浆涂层　- - - - 浓缩剂半干料团

① 在船体的外面、船舷的上缘和浮动码头的所有外表面涂刷 XYPEX 浓缩灰浆，用量为 $0.8 \sim 1.2 kg/m^2$。

② 在船体的内表面涂刷 XYPEX 增效剂，用量为 $0.8 kg/m^2$。

注：在中空的密闭浮船箱的情况下，可以省略第二步工艺；但是第一步涂的 XYPEX 浓缩剂灰浆应当扩展到箱体的整个外表面。

桥　　面

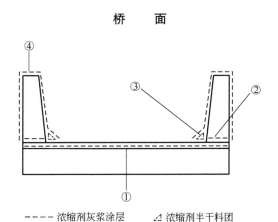

- - - - 浓缩剂灰浆涂层　◿ 浓缩剂半干料团

① 在结构的底板上涂刷一层 XYPEX 浓缩灰浆，用量为 $0.8 kg/m^2$。

② 在桥面与栏杆墙之间的结合面上涂刷一层 XYPEX 浓缩灰浆，用量为 $1.0 \sim 1.2 kg/m^2$。XYPEX 浓缩剂灰浆施工必须在栏杆墙混凝土灌浇之前 24h 之内进行。

③ 在桥底与栏杆墙结构的结合部的内侧阴角处 25mm 范围内涂刷 XYPEX 增效灰剂。

④ 在栏杆墙的表面涂刷一层 XYPEX 浓缩剂灰浆，用量为 $0.8 \sim 1.0 kg/m^2$。

地下连续墙雌雄缝防水处理

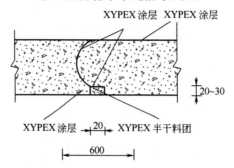

墙角防水处理

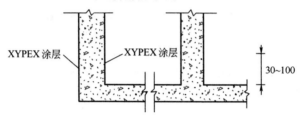

变形缝

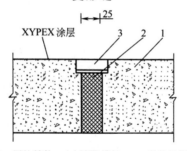

1—围护结构；2—填缝材料；3—嵌缝材料

中埋式止水带与外贴式止水带、XYPEX涂层复合使用

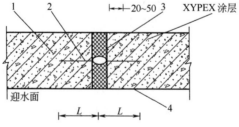

1—混凝土结构；2—中埋式止水带；3—填缝材料；
4—外贴式止水带　$L=300$

施工缝施工示意图（一）

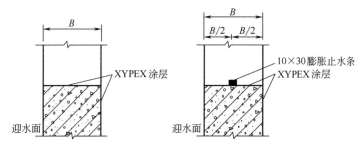

(a) 平缝　　　　　　　　　(b) 埋设止水条

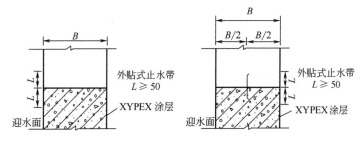

(c) 外贴止水带　　　　　　(d) 中埋止水带

施工缝施工示意图（二）

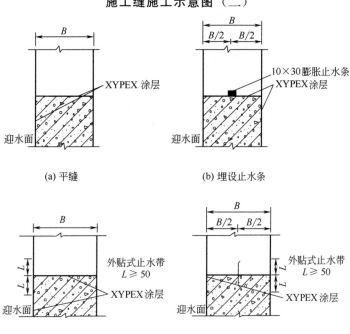

(a) 平缝　　　　　　　　　(b) 埋设止水条

(c) 外贴止水带　　　　　　(d) 中埋止水带

中埋式止水、遇水膨胀胶条、防水嵌缝材料 XYPEX 涂料复合使用

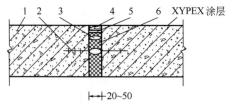

1—混凝土结构；2—中埋式止水带；3—遇水膨胀橡胶；

4—不定型嵌缝材料；5—背衬材料；

6—填缝材料

后浇带防水构造（一）

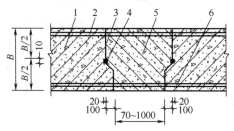

1—先浇混凝土；2—结构主筋；3,6—XYPEX涂层；4—遇水膨胀
止水条；5—后浇防水混凝土

后浇带防水构造（二）

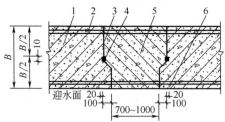

1—先浇混凝土；2—结构主筋；3,6—XYPEX涂层；4—遇水膨胀
止水条；5—后浇防水混凝土

后浇带防水构造（三）

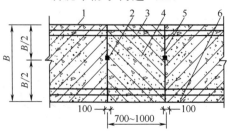

1—先浇混凝土；2—遇水膨胀止水条；3—结构主筋；4—后浇
防水混凝土；5,6—XYPEX涂层

后浇带防水构造（四）

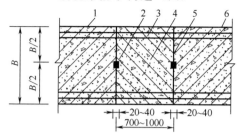

1—先浇混凝土；2—遇水膨胀止水条；3—结构主筋；4—后浇
防水混凝土；5,6—XYPEX 涂层

后浇带防水构造（五）

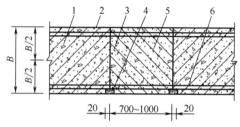

1—先浇混凝土；2—结构主筋；3,6—XYPEX 涂层；4—XYPEX 半
干料团或嵌缝材料；5—后浇防水混凝土

后浇带防水构造（六）

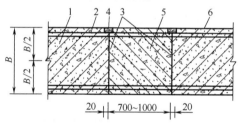

1—先浇混凝土；2—结构主筋；3,6—XYPEX 涂层；

4—XYPEX 半干料团或嵌缝材料；5—后浇防水混凝土

后浇带防水构造（七）

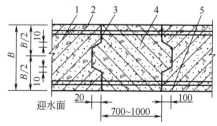

1—先浇混凝土；2—结构主筋；3,5—XYPEX 涂层；

4—后浇防水混凝土

后浇带防水构造（八）

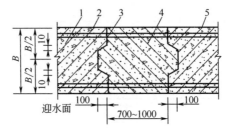

迎水面

1—先浇混凝土；2—结构主筋；3,5—XYPEX 涂层；
4—后浇防水混凝土

固定式穿墙管防水构造（一）

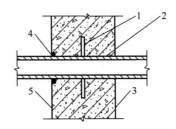

1—止水环；2—主管；3—结构混凝土；
4—XYPEX 半干料团；5—XYPEX 涂层

固定式穿墙管防水构造（二）

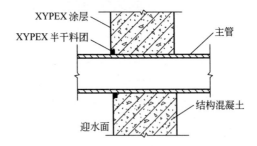

内防转角边墙构造

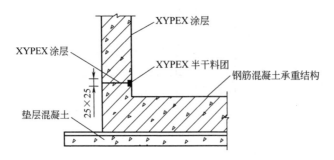

外防内防转角边墙构造

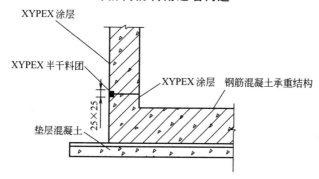

外防转角边墙构造

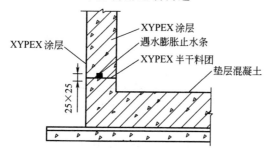

外防转角边墙构造

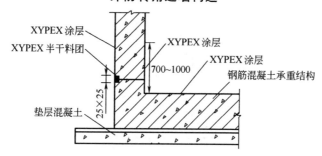

窗井防水示意图（一）

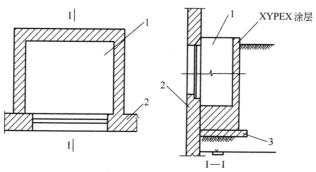

1—窗井；2—主体结构；3—垫层

窗井防水示意图（二）

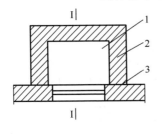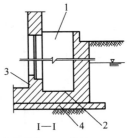

1—窗井；2—XYPEX 涂层；3—主体结构；4—垫层

底板下坑、池的防水构造

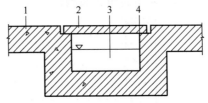

1—底板；2—盖板；3—坑池；4—防水层

（一遍 XYPEX 浓缩剂；一遍 XYPEX 增效剂）

Ⅰ—Ⅰ剖面　桩基防水构造示意图

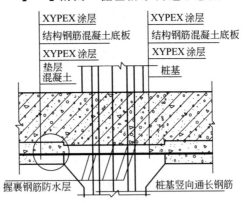

桩基平面示意图

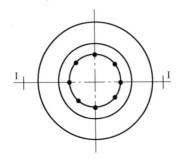

琉璃瓦屋面防水构造

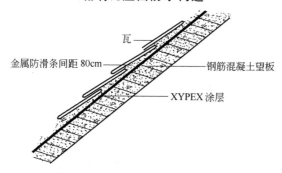

瓦

金属防滑条间距80cm

钢筋混凝土望板

XYPEX涂层

蓄水屋面示意图

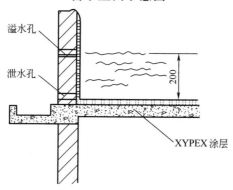

溢水孔

泄水孔

200

XYPEX涂层

花池构造

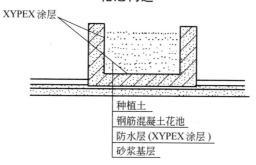

XYPEX涂层

种植土
钢筋混凝土花池
防水层（XYPEX涂层）
砂浆基层

种植土边墙

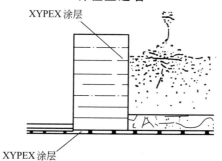

XYPEX涂层

XYPEX涂层

倒置式屋面

铺砌块材
砂浆结合层
保温层
XYPEX 涂层
现浇钢筋混凝土

种植屋面

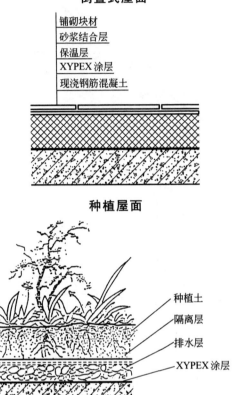

种植土
隔离层
排水层
XYPEX 涂层
现浇钢筋混凝土

温暖多雨地区

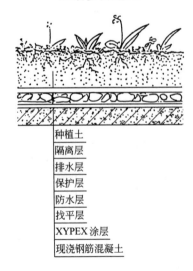

种植土
隔离层
排水层
保护层
防水层
找平层
XYPEX 涂层
现浇钢筋混凝土

少雨地区

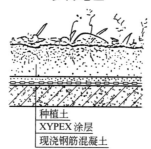

种植土
XYPEX 涂层
现浇钢筋混凝土

寒冷多雨地区

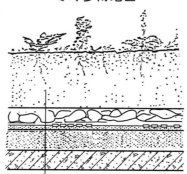

种植土

隔离层

排水层

保护层

防水层

基层

保温层

XYPEX 涂层

现浇钢筋混凝土

斜坡屋面

排水口

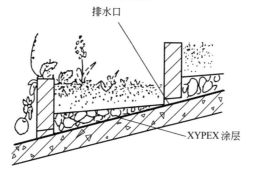

XYPEX 涂层

外排水口

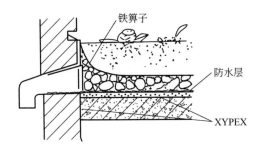

埋式内落水口

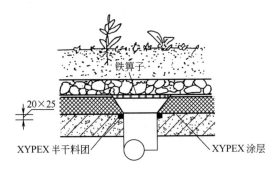

地下车库顶板

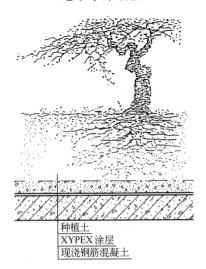

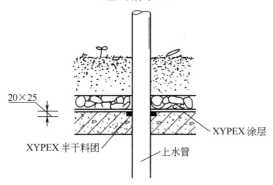

埋式落水口

二、施工指南

以下所列为部分生产厂家《产品介绍》(或《说明书》) 中列举的施工指南。

(一) XYPEX·施工指南

1. 气候及混凝土基面条件

(1) XYPEX 不能在雨中或环境温度低于 4℃时施工。

(2) 由于 XYPEX 在混凝土中结晶形成过程的前提条件需要湿润，所以无论新浇筑的，还是旧有的混凝土，都要用水浸透，以便加强表面的虹吸作用，但不能有明水。

(3) 新浇筑的混凝土是使用 XYPEX 的最佳时段。

(4) 混凝土基面应当毛糙、干净，以提供充分开放的毛细管系统有利于渗透。所以对于使用钢模或表面有反碱、尘土、各种涂料、薄膜、油漆及油污或者其他外来物都必须进行处理，要用凿击、喷砂、酸洗（盐酸）、钢丝刷刷洗、高压水冲等（如使用盐酸腐蚀法，必须先用水打湿，酸处理后表面应用水彻底冲净）。结构表面如有缺陷、裂缝、蜂窝麻面均应修凿、清理。

2. XYPEX 浓缩剂灰浆的调制

(1) 将 XYPEX 与干净的水调和（可饮用的水即可）。混合时可用手电钻装上有叶片的搅拌棒或戴上胶皮手套用手及抹子来搅拌。

(2) 混料时要掌握好料、水的比例，一次不宜调多，要在 20min 内用完，混合物变稠时要频繁搅动，中间不能加水加料。

涂刷时按体积用 5 份料、2 份水调和，总用量一般控制在 $0.8 \sim 1.5 kg/m^2$，具体用量按设计要求规定。涂刷遍数可根据工程具体情况决定，一般刷一遍为 $0.5 \sim 0.8 kg/m^2$。

喷涂时按体积用 5 份料、3 份水调和，用量同上。

有些工程可先涂浓缩剂，再涂增效剂。

增效剂的调制同浓缩剂。若外层贴瓷砖或抹砂浆时，可不用增效剂。

3. 施工

（1）XYPEX 刷、喷涂时需用半硬的尼龙刷或专用喷枪，不宜用抹子、滚筒、油漆刷或油漆喷枪。涂层要求均匀，各处都要涂到，涂层太厚养护困难。涂刷时应注意用力，来回纵横的刷以保证凹凸处都能涂上并达到均匀。喷涂时喷嘴距涂层要近些，以保证灰浆能喷进表面微孔或微裂纹中。

（2）当需涂第二遍（XYPEX 浓缩剂或增效剂）时，一定要等第一遍初凝后仍呈潮湿状态时（即 48h 内）进行，如太干则应先喷些水。

（3）在热天露天施工时，要避开暴晒，建议在早、晚或夜间进行，防止 XYPEX 涂层过快干燥，造成表面起皮、龟裂，影响渗透。

（4）对水平地面或台阶阴阳角必须注意将 XYPEX 涂匀，阳角要刷到，阴角及凹陷处不能有 XYPEX 的过厚的沉积，否则在堆积处可能开裂。

（5）要求光滑的地面或车辆运行的地面及停车场，则以干撒法使用 XYPEX 浓缩剂 DS-1 或 DS-2，这样比较省力、效果好。

（6）对于水泥类材料的后涂层，在 XYPEX 涂层终凝后即可使用。对于油漆、环氧树脂和其他有机涂料在 XYPEX 涂层上也可使用。

（7）用于密封缝隙、预留的窄缝、沟槽和堵塞水流的情况时，其用料、调制和施工请另行咨询。

（8）对于易产生变形的缝隙应选用 XYPEX FCM40、60 或其他柔性材料和 XYPEX 渗透结晶型材料结合使用。

4. 养护

（1）涂层呈半干状态后即应开始用雾状水喷洒养护，养护必须用净水，水流不能过大，否则会破坏涂层。一般每天需喷水 3～4 次，连续 2～3d，在热天或干燥天气要多喷几次，防止涂层过早干燥。

（2）施工后 48h 内必须防避雨淋、沙尘暴、霜冻、暴晒、污水及 4℃ 以下的低温。在空气流通很差的情况下，需用风扇或鼓风机帮助养护（如封闭的水池或湿井）。露天施工用湿草袋覆盖较好，但要避免涂层积水，如果使用塑料膜作为保护层，必须注意架开，以保证涂层的"呼吸"及通风。

（3）对盛装液体的混凝土结构（如游泳池、水库、蓄水槽等）必须经过 3d 的养护之后，再放置 12d 才能灌进液体。对盛装特别热或腐蚀性液体的混凝土结构，需放置 18d 才能灌盛。

（4）为适应特定使用条件时，可用 XYPEX 伽玛养护液代替水养护（详情可另行咨询）。

5. 回填

在 XYPEX 施工 36h 后可回填湿土，7d 内不可回填干土，以防止其向

XYPEX涂层吸水。

（二）三爱司·施工指南

1. 刮涂施工法

（1）刮涂施工法的灰浆调配　调配好灰浆是保证防水施工质量的关键。用清洁水拌料，拌好的浆料要求在30min内用完。一般一次拌料不能超过3kg，以免来不及用完造成浪费。已经发硬的灰浆不能再用。严格掌握好水灰比，一般要求用4份料加入1份水搅拌至黏糊状（可根据工程和湿差情况作适当调整）。拌料时应注意搅拌均匀，浆料中不能有没拌开的干料球。

（2）对基面的处理要求　新的结构在养护期结束后马上就可以进行防水施工，老的结构在做防止施工前要把原有的防水涂层清除掉，不能有浮灰、油污，凹凸、破损不平的要进行找平及修补。

（3）施工时的注意事项　施工时，把按要求调配好的浆料均匀涂布在需要防止的基面上。迎水面防水施工时，因无法预知可能存在的渗水部位，应略增加用量，尽可能提高防水涂层的抗渗能力，并注意蜂窝状基面的处理。

背水面施工时，哪怕微小的渗漏都容易发觉，在防水施工前先进行堵漏处理。

常规用量：每平方米用料1.2～1.5kg。

涂层厚度：在1.0～1.2mm。

施工要求：一次涂布完成。

要注意涂布基面的清洁和湿润处理（充分湿润，但不要有明水）。涂布后的防水涂层必须在初凝前用油漆刷蘸水来回拉刷或喷细雾保养，边涂布边保养，这一点非常关键。暴晒在阳光下的涂层可持续1～2d用清水喷洒养护。

2. 刷涂施工法

（1）刷涂法的灰浆调配　参阅刮涂施工法，但一般要求用3份料加入1份水搅拌至稠糊状。拌好的浆料必须能涂刷出一定的厚度。

（2）对基面的处理要求、施工时的注意事项　参阅刮涂施工法：

常规用量：每平方米用料≥1.0kg。

涂层厚度：在0.8～1.2mm。

施工要求：两次或两次以上涂布完成。

施工时，必须注意涂布基面的清洁，但无须做太多的湿润处理，暴晒在阳光下的涂层可持续1～2d用清水进行湿润养护。

3. 干撒施工法

（1）在混凝土浇筑并振捣密实碾压平整后（混凝土未完全凝结前），进行施工。按规定用量均匀地撒在混凝土表面，及时压实抹光。终凝后检查是否有不良施工处并及时修补；若处在暴晒下，应洒水保养1d（根据工程情况做具体施工方案）。注意：喷洒均匀，不可偷工减料。

（2）常规用量：每平方米用料≥1.0kg。

（3）涂层厚度：在0.8～1.0mm。

4. 特殊部位的处理建议

特殊部位的防水施工，例如龟裂严重或受到频繁振动以及渗水严重的结构，在防水施工时，可以在防水涂层中铺设钢纤维网片，以增加结构基面表层的拉应力，提高防水涂层的抗裂作用。施工时，先均匀地、薄薄地在基面刷上一层本产品浆料，然后边铺钢纤维网片边刮第二遍浆料，以遮盖住网片为宜，一般用料应在每平方米2.5kg以上。

蜂窝麻面、渗漏孔洞和裂缝等情况按堵漏工程要求施工，有特殊要求的表层，如地铁站台、隧道等渗水裂缝，也可以加入钢丝网片，增强堵漏的效果。渗水压高的缝可插管分流减压，然后引流点再注浆堵漏。

5. 其他注意事项

（1）施工必须在混凝土结构或牢固的水泥砂浆基面上进行，不要直接用于粉灰层表面。

（2）先处理渗漏点、缝、面，再进行大面积防水施工。

（3）卫浴施工对管道接缝处须进行特别处理，可沿管壁与基面交接处，凿10mm深的V形槽进行封堵后，再做基面防水涂层。

（4）要确保涂层厚度与施工推荐用量。

（5）避免直接与皮肤接触，若需用手掺拌干粉或湿料时需戴胶皮手套。万一溅入眼睛，必须第一时间用清水冲洗，并及时到医院诊治。

（三）XY-01·施工指南

1. 检查混凝土结构

对所有要涂刷的混凝土须仔细检查是否有结构上的缺陷，如裂缝、蜂巢麻面状的劣质表面，均应修凿、清理，用该材料进行处理并填刮灰浆。

2. 清理基层表面

基层表面必须保持清洁、干净，以提供充分开放的毛细管系统，使之利于渗透。基面上的水泥翻抹、灰尘、油污等要清除掉。无论是新浇筑的还是旧有的混凝土，都要用水润湿，但不能有明水。新浇的混凝土表面在浇筑20h后方可进行涂刷。

3. 防水层施工

施工方法如下。

（1）涂刷或喷涂：在准备妥当的混凝土表面，按质量比涂刷或喷涂。用5份料、2份水调和该产品，涂刷或喷涂需要用料0.8kg/m²。

（2）撒干粉

在未浇筑混凝土拌合物前，以撒干粉形式按一定的用量把该产品撒在垫层上，撒干粉时间为浇筑混凝土 30min 前。

在混凝土填放后未完全凝结前，以撒干粉形式按一定的用量将该产品撒放在混凝土表面，然后混凝土表面要压光。

4. 注意事项

（1）该材料含有水泥、石灰、结晶硅砂等成分，不应用手直接接触，施工时应戴手套。

（2）施工中，由于粉尘可能会引起皮肤过敏，并对眼睛和呼吸道有刺激性，建议佩戴防尘眼镜和口罩。注意施工现场通风，施工后要彻底洗手。

（3）不应在无通风条件、密闭的环境中施工。

参 考 文 献

[1] GB 18445—2012 水泥基渗透结晶型防水材料.

[2] GB 175—2007 通用硅酸盐水泥.

[3] GB/T 201—2015 铝酸盐水泥.

[4] GB/T 15342—2012 滑石粉.

[5] GB 8076—2008 混凝土外加剂.

[6] JC 477—2005 喷射混凝土用速凝剂.

[7] JC/T 2189—2013 建筑干混砂浆用可再分散乳胶粉.

[8] JC/T 2190—2013 建筑干混砂浆用纤维素醚.

[9] JC/T 729—2005 水泥净浆搅拌机.

[10] CECS 195：2006 聚合物水泥、渗透结晶型防水材料应用技术规程.

[11] GB 50108—2008 地下工程防水技术规范.

[12] GB 50208—2011 地下防水工程质量验收规范.

[13] GB 50345—2012 屋面工程技术规范.

[14] GB 50207—2012 屋面工程质量验收规范.

[15] 苏州非金属矿工业设计研究院防水材料设计研究所、建筑材料工业技术监督研究中心、中国标准出版社编：建筑材料标准汇编 防水材料 基础及产品卷.北京：中国标准出版社，2013.

[16] 苏州非金属矿工业设计研究院防水材料设计研究所、建筑材料工业技术监督研究中心、中国标准出版社编：建筑材料标准汇编 防水材料 试验方法及施工技术卷.北京：中国标准出版社，2013.

[17] 苏州非金属矿工业设计研究院防水材料设计研究所、中国标准出版社编：建筑防水材料标准汇编（2017）.北京：中国标准出版社，2017.

[18] DB 21/T 1725—2009 水泥基渗透结晶型防水材料施工技术规程.

[19] 国家建筑防水工程标准设计 17SJ1731 建筑防水构造图集.FDS（源水通）结构自防水材料.北京：中国建材工业出版社，2018.

[20] 沈春林主编.聚合物水泥防水涂料（第二版）.北京：化学工业出版社，2010.

[21] 马庆麟主编.涂料工业手册.北京：化学工业出版社，2001.

[22] 叶扬祥，潘肇基主编.涂装技术实用手册.北京：机械工业出版社，1998.

[23] 马清浩，杭美艳主编.混凝土外加剂与防水材料.北京：化学工业出版社，2016.

[24] 席培胜，郭杨编著.新型建筑工程材料应用技术.北京：中国建筑工业出版社，2014.

[25] 沈春林编著.聚合物水泥防水涂料.北京：化学工业出版社，2003.

[26] 胡曙光，谷春华等编著.特种水泥.武汉：武汉工业大学出版社，1999.

[27] 王子明，梅一飞.水泥基渗透结晶型防水材料的研究.中国硅酸盐学会2003年学术年会新型建筑材料论文集.北京：中国建材工业出版社，2003.

[28] 杨斌.水泥基渗透结晶型防水材料.国家标准的制定.中国建筑防水，2001（6）.

[29] 沈春林编.新型防水材料产品手册.北京：化学工业出版社，2001.

[30] 寻民高，单兆铁.XYPEX防水材料.建筑产品与应用，2001.

[31] 樊细杨，唐杰.XY-01水泥基渗透结晶型防水材料在工程中的应用.建筑产品与应用，2001（1）.

[32] 蒋祖租.国外水泥基渗透结晶型防水材料的研究与发展.中国建筑防水，2001（6）.

[33] 金能春，吴珺.FORMDEXPLUS在建筑防水工程中的应用.中国建筑防水，2001（6）.

[34] 袁大伟.渗透结晶型防水剂剖析.中国建筑防水.2001（6）.

［35］ 游宝坤．也谈渗透结晶型防水材料．中国建筑防水．2003（7）．

［36］ 章宗友．水泥基渗透结晶型防水材料的应用与建议．见：中国硅酸盐学会房建材料分会防水材料专业委员会编．全国第六次防水材料技术交流大会论文集．2004(3)．

［37］ 袁大伟．再谈渗透结晶型防水剂．中国建筑防水，2003（5）．

［38］ 章宗友．也谈水泥基渗透结晶型防水材料的应用．中国建筑防水，2004（3）．

［39］ 上海高科建筑防水涂料厂编．三爱司水泥基渗透结晶型防水材料——防水机理及施工规范．

［40］ 北京城荣防水材料有限公司编．XYPEX水泥基渗透结晶型防水材料专论集．2000．

［41］ 郑大勇主编．工程建设分项设计施工系列图集防水工程．北京：中国建材工业出版社，2004．

［42］ 中国建筑标准设计研究所，总参谋部工程兵科研三所主编．02J301地下建筑防水构造．2002．

［43］ 北京城荣防水材料有限公司编．XYPEX水泥基渗透结晶型防水材料应用图例．

［44］ 工程建设分项设计施工系列图集——防水工程，北京：中国建材工业出版社，2004．

［45］ 余剑英，王桂明．YJH渗透结晶型防水材料的研究．中国建筑防水，2004（9）．

［46］ 余剑英，王桂明．YJH渗透结晶型防水材料耐化学侵蚀和抗冻融循环的研究．中国建筑防水，2004（10）．

［47］ 陈江涛，宗慧杰，王莹．水泥基渗透结晶型防水材料的应用探讨．新型建筑材料，2004（8）．